Fachausdrücke der physikalischen Chemie

Ein Wörterbuch

von

Dr. med. Bruno Kisch

a. o. Professor an der Universität
Köln a. Rh.

Zweite
vermehrte und verbesserte Auflage

Springer-Verlag Berlin Heidelberg GmbH
1923

Alle Rechte, insbesondere das der Übersetzung
in fremde Sprachen, vorbehalten.
© Springer-Verlag Berlin Heidelberg 1923
Ursprünglich erschienen bei Julius Springer in Berlin 1923

ISBN 978-3-662-32177-5   ISBN 978-3-662-33004-3 (eBook)
DOI 10.1007/978-3-662-33004-3

Vorwort zur zweiten Auflage.

Vor der neuerlichen Drucklegung ist der Text der ersten Auflage dieses Wörterbuches durchwegs nochmals durchgearbeitet worden. An vielen Stellen wurde er ergänzt und erweitert. Eine etymologische Erklärung der einzelnen Fachausdrücke und eine Reihe kurzer Beispiele zum Verständnis der Definitionen sind neu hinzugefügt worden. Wo im Text der ersten Auflage durch freundlichen Hinweis anderer oder eigene Beobachtung Mängel oder Fehler bemerkt wurden, trachtete ich sie zu beseitigen. Deshalb hielt ich mich für berechtigt, die neue Auflage als vermehrte und verbesserte zu bezeichnen.

Die im Vorwort zur ersten Auflage ausgesprochene Bitte an die Leser, mich auf etwa bemerkte Mängel aufmerksam zu machen, ist (von ganz vereinzelten Ausnahmen abgesehen) nur als rhetorische Phrase betrachtet worden. Ich wiederhole gleichwohl auch diesmal diese Bitte und werde jedermann für ihre Erfüllung aufrichtig Dank wissen.

Köln a. Rh., im Februar 1923.

Bruno Kisch.

Vorwort zur ersten Auflage.

Das vorliegende Büchlein ist als eine Art kleines Fremdwörterbuch für Außenseiter des Wissensgebietes der physikalischen Chemie gedacht, in erster Linie für Ärzte, Studierende der Medizin und Biologen, da diese täglich in der Fachliteratur ihres eigenen Wissensgebietes der Anwendung von physiko-chemischen Fachausdrücken begegnen, die ihnen nicht immer bekannt und geläufig sind, wie dies bei der großen Jugend des Strebens nach wissenschaftlicher Verknüpfung von Physikochemie und Biologie, beziehungsweise Medizin nicht verwunderlich sein kann.

Es ist der Zweck dieses Buches, in solchen Fällen in knapper und klarer Weise, womöglich in Form der Definition, über die im Text angeführten Stichworte Auskunft zu erteilen.

Bei Durchführung dieser Absicht sind neben einer großen Anzahl von Aufsätzen in Fachzeitschriften insbesondere die nachfolgend angeführten Werke als Führer benutzt, und sehr treffende Definitionen mitunter auch aus ihnen übernommen worden.

Eine Vollständigkeit in der Anführung der gesamten in der physikalischen Chemie gebräuchlichen Fachausdrücke konnte in diesem Buche nicht angestrebt werden, doch war ich bemüht, die für das Gebiet der Medizin und Biologie in Betracht kommenden Begriffe möglichst vollzählig aufzunehmen.

Allen Benutzern dieses Wörterbuches, die mich auf etwaige Mängel oder Versehen im Texte aufmerksam machen wollen, werde ich sehr dankbar hierfür sein und ich bitte, mir derartige Zuschriften durch Vermittlung des Verlages zugehen zu lassen.

Köln a. Rh., 1919.

Bruno Kisch.

Die mit einem Sternchen versehenen Worte des Textes sind an entsprechender Stelle als Stichworte nachzuschlagen.

Abeggs Valenztheorie (Valenz = Wertigkeit). Die Theorie besagt, daß jedes Atom eines chemischen Grundstoffes 8 teils elektropositive, teils elektronegative **Valenzen*** hat.

Abkühlungsfaktor eines Calorimeters*. Er ist eine für jedes Calorimeter* charakteristische konstante Größe, die seine Temperaturänderung in der Zeiteinheit, bei 1° Temperaturdifferenz gegen die Außentemperatur angibt.

Absolute Einheiten siehe bei Einheit.

Absoluter Nullpunkt siehe bei Nullpunkt.

Absolut schwarzer Körper siehe bei schwarzer Körper.

Absoluter Siedepunkt siehe bei Siedepunkt.

Absolute Temperatur siehe bei Temperatur.

Absorption (absorbere = aufsaugen). So wird die gleichmäßige Verteilung eines Gases in einem oder mehreren anderen Stoffen bezeichnet. Ist das Gas auf mehrere aneinander angrenzende, es absorbierende **Phasen*** verteilt, so verteilt es sich auf diese Phasen in Mengenverhältnissen, die durch das **Henrysche Absorptionsgesetz*** bedingt sind.

Absorptiometer. Ein Apparat zur quantitativen Bestimmung der von einer Flüssigkeit absorbierten Gasmenge (s. **Absorption***).

Absorption von Licht. Wenn Licht durch einen Stoff hindurchgeht, so wird ein Teil desselben (z. B. wenn er zur Erwärmung des durchstrahlten Stoffes dient) von diesem gleichsam verschluckt, nicht durchgelassen. Es tritt also weniger Licht aus, als eingetreten ist. Man nennt diese Erscheinung die Absorption des Lichtes. Diese Tatsache läßt sich in Form eines Gesetzes ausdrücken $J' = JA^{-zd}$. In dieser Formel bedeutet J die Intensität des Lichtstrahles bei seinem Eintritt, J' seine Intensität beim Austritt aus dem durchstrahlten Stoff. z stellt den der durchstrahlten Substanz eigentümlichen **Absorptionskoeffizienten*** dar, der mit der Wellenlänge des verwendeten Lichtes sich verändert, und d ist die Dicke der durchstrahlten Schicht des untersuchten Stoffes. Siehe auch bei einseitige A., zweiseitige A. und bei Absorptionsbanden.

Absorption, einseitige des Lichtes. Die Intensität der **Absorption*** von Licht ist bei ein und demselben durchstrahlten Stoff für Licht verschiedener Wellenlängen verschieden. Man spricht von einseitiger A. des Lichtes, wenn die Intensität der Absorption mit der Wellenlänge gleichmäßig zu- oder abnimmt, wenn z. B., wie dies meist bei einseitiger A. der Fall ist, der kurzwellige (violette) Teil des **Spektrums*** stärker absorbiert wird, als der langwellige (rote). Bei manchen Stoffen hingegen nimmt die Intensität der Absorption von Licht beim Durchgang durch sie, bei Verwendung verschiedener Lichtarten vom Zentrum des Spektrums nach beiden Seiten hin zu. Substanzen dieser Art haben also zwei Optima ihrer lichtabsorbierenden Fähigkeit. Eines betrifft Lichtstrahlen sehr großer, eines solche sehr geringer Wellenlänge. Am geringsten werden Lichtstrahlen mittlerer Wellenlänge von solchen Substanzen absorbiert. Man spricht in diesem Falle im Gegensatze zur einseitigen von **zweiseitiger Absorption**.

Absorption, zweiseitige des Lichtes. Siehe bei A., einseitige.

Absorptionsbanden des Spektrums. Hat die **Absorption*** des Lichtes durch eine bestimmte Substanz innerhalb der Lichtarten verschiedener Wellenlänge begrenzte, nicht zu enge Gebiete betreffende Maxima, so ist dies am **Spektrum*** des durch die Substanz hindurchgetretenen Lichtes deutlich zu erkennen, indem das Spektrum im Bereich des Lichtes jener Wellenlängen innerhalb derer die Absorptionsmaxima liegen, dunkle Bänder zeigt. Man spricht dann von **Absorptionsbanden** des Spektrums, sind diese sehr schmal, so spricht man von **Absorptionslinien**.

Absorptionscalorimeter (calor = Wärme). Ein Apparat, mit dessen Hilfe Wärmetönungen, die an einem abgeschlossenen System unter bestimmten Bedingungen vorkommen, beobachtet werden können. (Calorimeter.) Das Prinzip des Absorptionscalorimeters beruht darauf, daß eine den beobachteten Raum umgebende Schicht, z. B. Wasser, konstant auf gleicher Temperatur erhalten wird. (Beim Eiscalorimeter z. B. auf 0°.)

Absorptionsgesetz (des Lichtes) von A. Beer. Es besagt, daß die **Lichtabsorption*** durch eine farbige Lösung ihrem Gehalte an dem absorbierenden Stoffe proportional ist.

Absorptionsgesetz (der Gase) von Dalton. Von einem Gemisch verschiedener Gase löst sich jedes einzelne in einem beliebigen Lösungsmittel so stark, als ob die anderen Gase gar nicht zugegen wären.

Absorptionsgesetz (der Gase) von Henry. Es besagt, daß sich Gase in einem beliebigen Lösungsmittel proportional ihrem Drucke im angrenzenden Gasraume lösen. Das Gesetz besagt, daß, wenn zwischen der Konzentration eines Stoffes in einem Gasraum einerseits und einer an diesen grenzenden Flüssigkeit anderseits Gleichgewicht* besteht, das Verhältnis der Konzentration des Stoffes in Flüssigkeit und Gasraum ein konstantes ist, das von der absoluten Menge der vorhandenen Flüssigkeit und dem Volumen des Gasraumes unabhängig ist.

Absorptionsgesetz, photochemisches. ($\varphi\omega\varsigma$ = Licht.) Bei jedem photochemischen Prozeß (= chemische Prozesse, die durch das Licht beeinflußt werden) wird von der lichtempfindlichen Substanz ein Teil der die chemischen Umsetzungen auslösenden oder begünstigenden Lichtstrahlen absorbiert (Grotthus und Draper).

Absorptionskoeffizient (des Lichtes) siehe bei Absorption des Lichtes.

Absorptionskoeffizient von Gasen. Nach Bunsen das von der Einheit eines Flüssigkeitsvolumens unter Normaldruck* absorbierte Gasvolumen, wenn man letzteres ebenfalls auf den Normaldruck und eine Temperatur von 0° reduziert denkt.

Absorptionslinien. Dunkle Linien im Spektrum*, die dadurch zustande kommen, daß ein Stoff, den das Licht vor Bildung des Spektrums passiert hat, scharf begrenzte Maxima der Intensität der Absorption* für Licht bestimmter Wellenlängen besitzt. Siehe auch Absorptionsbanden*.

Absorptionsspektrum. Das Bild des in die Lichtarten verschiedener Wellenlänge aufgelösten Lichtes, hergestellt, nachdem das Licht durch einen bestimmten Körper hindurchgegangen ist. Da beim Hindurchgehen durch einen Körper immer ein bestimmter Teil des Lichtes absorbiert und im Körper in andere Energieformen (Wärme, chemische Energie usw.) verwandelt wird, so erscheinen im Spektrum statt jener Lichtarten bestimmter Wellenlänge, die von der durchstrahlten Substanz am stärksten absorbiert wurden, dunkle Streifen (Absorptionslinien oder Absorptionsstreifen) oder dunkle Bänder (Absorptionsbanden), deren Zahl, Breite und Anordnung im Spektrum für die durchstrahlte Substanz bei der gewählten Temperatur und Lichtart charakteristisch sind. Siehe auch bei Emmissionsspektrum*.

Absorptionsstreifen siehe bei Absorptionsspektrum.

Absorptionswärme. Die bei der Absorption* eines Gases in einer Flüssigkeit freiwerdende Wärme.

Additive Eigenschaften siehe bei Eigenschaft.

Adhäsion (adhaerere = daran haften). Das Aneinanderhaften verschiedener einander berührender gleichartiger oder ungleichartiger Körper. Sie ist unter anderem um so stärker, je mehr Punkte der Körper miteinander in Berührung kommen.

Adiabatisch (α = nicht, $\delta\iota\alpha\beta\alpha\iota\nu o$ = hindurchdringen) ist ein Vorgang dann, wenn er so an einem System abläuft, daß dieses an die Außenwelt weder Wärme abgibt, noch aus ihr Wärme aufnimmt.

Adiabaten. Mathematische oder zeichnerische Darstellungen (Kurven) eines Vorganges, bei dem das beobachtete System an die Außenwelt keine Wärme abgibt und aus ihr keine aufnimmt.

Adiathermane Körper (α = nicht, $\delta\iota\alpha$ = hindurch, $\vartheta\varepsilon\varrho\mu\eta$ = Wärme). Körper, welche für Wärmestrahlen undurchlässig sind.

Adsorbens. Der Stoff, an den ein anderer (das Adsorptiv) adsorbiert wird. Siehe bei Adsorption.

Adsorption (adsorbere = ansaugen). Die Änderung der Konzentration eines Stoffes an der Oberfläche eines anderen gegenüber der im Innern dieses Stoffes herrschenden Konzentration des ersteren. Ist die Konzentration an der Oberfläche erhöht, so spricht man von **positiver**, ist sie erniedrigt, von **negativer**. Den Stoff, an dessen Oberfläche ein anderer angereichert wird, nennt man das Adsorbens, den angereicherten Stoff das Adsorptiv. Die Gesetzmäßigkeit der Abhängigkeit des Adsorptionsverlaufes von der vorhandenen Konzentration des adsorbierbaren Stoffes bei einem bestimmten Wärmegrade ist mathematisch und zeichnerisch darstellbar. Eine derartige Darstellung der Gesetzmäßigkeiten der Adsorption wird als die **Adsorptionsisotherme*** bezeichnet. Nach Michaelis und Rona muß zwischen apolarer und polarer Adsorption unterschieden werden. Als apolar wird die Adsorption von **Nichtelektrolyten*** oder schwachen **Elektrolyten*** an ein **Adsorbens*** bezeichnet, oder die Adsorption starker **Elektrolyte***, z. B. an Kohle, wobei äquivalente Mengen der beiden **Ionen*** des Elektrolyten adsorbiert werden. Im Gegensatz hierzu werden bei der polaren Adsorption **Anion*** und **Kation*** des Elektrolyten nicht in äquivalenter Menge adsorbiert.

Adsorption, anomale. Man bezeichnet einen Adsorptionsvorgang als anomal (α = nicht, $\nu o \mu o \varsigma$ = Gesetz), wenn er nicht den durch die **Adsorptionsisotherme*** ausgedrückten Gesetzmäßigkeiten folgt. Anomale Adsorption ist z. B. für eine Anzahl **kolloider*** Farbstoffe (z. B. Nachtblau, Viktoriablau usw.) beobachtet worden.

Adsorption, apolare siehe bei Adsorption.

Adsorption, mechanische. Nach Wo. Ostwald ein Adsorptionsvorgang, bei dem nur physikalische und keine chemischen Erscheinungen eine Rolle spielen.

Adsorption, negative siehe bei Adsorption.

Adsorption, polare siehe bei Adsorption.

Adsorption, positive siehe bei Adsorption.

Adsorptionsanalyse. Die Zerlegung eines Stoffgemisches in seine einzelnen Bestandteile mit Hilfe der verschiedenen Adsorbierbarkeit derselben durch gewisse **Adsorbentien***. Siehe auch bei **Kapillaranalyse***. Die Adsorptionsanalyse wurde zuerst eingehender von Goppelsröder studiert.

Adsorptionsexponent. Der Exponent $\dfrac{1}{n}$ in der mathematischen Formel der **Adsorptionsisotherme***. Bei konstanter Temperatur ist er nur wenig von der Natur des adsorbierten Stoffes und des **Adsorbens*** abhängig. Sein Wert schwankt meist zwischen 0,2 und 0,6.

Adsorptionsgesetz siehe bei Gibbs-Thomsens Theorem.

Adsorptionsgleichgewicht. Das durch die **Adsorptionsisotherme*** wohl definierte **Gleichgewicht*** zwischen der Menge des adsorbierten Stoffes und seiner Konzentration in dem das **Adsorbens*** umgebenden Medium. Dieses Gleichgewicht stellt sich bei Adsorptionserscheinungen genau ein.

Adsorptionshüllen siehe bei **Schutzkolloide.**

Adsorptionsisotherme ($\iota\sigma o\varsigma$ = gleich, $\vartheta\acute{\epsilon}\varrho\mu\eta$ = Wärme). Ein mathematischer (Formel) oder graphischer (Kurve) Ausdruck für die Abhängigkeit der Menge eines Stoffes, die bei bestimmter Temperatur adsorbiert wird, von der Konzentration der adsorbierbaren Substanz in dem das **Adsorbens*** umgebenden Medium. Die Formel lautet

$$\frac{x}{m} = a \cdot c^{\frac{1}{n}}.$$

In dieser Formel bedeutet x die Menge des adsorbierten, m die Menge des adsorbierenden Stoffes, c die Konzentration des adsorbierbaren Stoffes in dem das **Adsorbens*** umgebenden Medium. a und $\frac{1}{n}$ (letzteres ist der **Adsorptionsexponent***) sind erfahrungsgemäß ermittelte Konstanten.

Adsorptionskatalyse ($\varkappa\alpha\tau\alpha\lambda\acute{\upsilon}\omega$ = auflösen). Eine **Katalyse*** (s. d.), bei der der **Katalysator*** als **Adsorbens*** jener Substanzen wirkt, deren chemische Umsetzung durch seine Gegenwart beeinflußt wird. Durch die bei diesen Adsorptionsvorgängen stattfindende Anreicherung der adsorbierten Stoffe an der Oberfläche des Katalysators (Konzentrationserhöhung) wird die Beschleunigung der chemischen Umsetzungen bedingt. Andererseits werden diese auch dadurch gefördert, daß die **Dissoziation*** des oder der adsorbierten Stoffe (nach Polanyi) im **Adsorptionsraume*** stark erhöht ist.

Adsorptionspotential. Eine elektrische **Potentialdifferenz*** zwischen festen Stoffen und einer Flüssigkeit. Nach H. Freundlich ist sie auf eine ungleich intensive **Adsorption*** der **Anionen*** und der **Kationen*** aus der an den festen Stoff angrenzenden Elektrolytlösung an diesen zurückzuführen. Siehe auch bei **Adsorption***.

Adsorptionsraum. Nach H. Freundlich der Raum, der von der Oberfläche des **Adsorbens*** und der Grenze der Adsorptionsschicht eingeschlossen wird. Als Adsorptionsschicht wird die Schicht der Teilchen des adsorbierbaren Stoffes, der das Adsorbens umgibt, bezeichnet, die der Adsorptionswirkung ausgesetzt, also vom Adsorbens nicht räumlich zu weit entfernt sind. Innerhalb dieser Adsorptionsschicht herrscht ein **Potentialgefälle***. Nach Polanyi kann das im Abstande i von der Oberfläche des Adsorbens herrschende **Adsorptionspotential*** ε der Arbeit gleichgesetzt werden, die geleistet werden müßte, um ein Molekül des absorbierten Stoffes aus unendlicher Entfernung bis zum Abstande i von der absorbierenden Oberfläche zu bringen.

Adsorptionsschicht siehe bei Adsorptionsraum.

Adsorptionssystem. Ein von P. P. von Weimarn für **heterogene Systeme*** gebrauchter Ausdruck.

Adsorptionsverbindung. Die durch **Adsorption*** erfolgte Bindung eines Stoffes durch einen andern. Sie kann mitunter als eine salzartige Bindung betrachtet werden, die nur an der Oberfläche des adsorbierenden Stoffes vor sich geht.

Adsorptionsverdrängung. Nach H. Freundlich wird mit diesem Namen die Tatsache bezeichnet, daß in einer Lösung mehrerer adsorbierbarer Stoffe die schwächer adsorbierbare Substanz von einer stärker absorbierbaren aus der Oberfläche der Lösung verdrängt wird.

Adsorptionsvermögen, spezifisches. Die von 1 cm² einer adsorbierenden Oberfläche adsorbierte Menge eines bestimmten Stoffes.

Adsorptionsverstärkung. Die Tatsache, daß gewisse Salze (z. B. NaCl), zu einer Lösung zugesetzt, die Adsorbierbarkeit von gewissen oberflächenaktiven Stoffen, die in dieser Lösung enthalten sind (z. B. von Essigsäure an Tierkohle) erhöhen.

Adsorptionswärme. Die bei einem Adsorptionsvorgang sich entwickelnde Wärme.

Adsorptionswärme, differentiale (differe = sich unterscheiden) von Gasen. Nach H. Freundlich die Wärmemenge, die beim Übergang von einem Gleichgewichtszustand zwischen einem Gas und einem Adsorbens zu einem andern Gleichgewichtszustand zwischen diesen beiden frei oder gebunden wird.

Adsorptionswärme, isopneumatische von Gasen ($\mathit{\check{\iota}\sigma o \varsigma}$ = gleich, $\pi\nu\varepsilon\upsilon\mu\alpha$ = Luft). Sie entspricht etwa der **Reaktionswärme** in einem kondensierten System. Es ist die beobachtete Adsorptionswärme eines Systems bei wechselnder Temperatur und bei gegebenem Gasdruck, wenn sich die adsorbierte Stoffmenge ändert.

Adsorptionswärme, isosterische von Gasen. Die Adsorptionswärme, wenn in einem System bei verändertem Gasdruck und veränderter Temperatur die adsorbierte Gasmenge konstant bleibt.

Adsorptionswasser. Wasser, das von feinstkörnigen Niederschlägen als **Kristallisationswasser*** gebunden ist und schon bei Temperaturen unter 100° C von ihnen wieder abgegeben wird.

Adsorptiv. Nach H. Freundlich der bei einer **Adsorption*** adsorbierte Stoff.

Äquimolekulare Lösungen siehe bei Lösungen.

Äquivalent, chemisches (aequus = gleich, valere = gelten). Jene Menge eines Elementes, die einen Gewichtsteil Wasserstoff in einer chemischen Verbindung ersetzen kann. Name und Begriff stammen von Wollaston.

Äquivalent elektrochemisches. Wird auch als F bezeichnet (sprich Ef). Es ist gleich $94{,}54 \times 10^3$ Coulomb*. Es ist jene Elektrizitätsmenge, welche ein Grammäquivalent eines Stoffes elektrolytisch zur Abscheidung zu bringen vermag.

Äquivalente Atome siehe bei Valenztheorie.

Äquivalenzgewicht eines Elementes. Das **Atomgewicht*** eines **Elementes*** dividiert durch seine **Wertigkeit***.

Äquivalentgewicht eines Stoffes oder Ersatzgewicht ist diejenige Menge eines Stoffes, die einen Gewichtsteil Wasserstoff chemisch zu binden oder in einer chemischen Verbindung zu ersetzen vermag. Das Äquivalentgewicht ist der Quotient aus dem Atomgewicht und der Valenz* eines Elementes*.

Äquivalentladung. Die an einem Grammäquivalent eines Stoffes haftende elektrische Ladung. Sie ist eine für alle Stoffe gleich große Konstante und beträgt 96540 Coulomb*.

Adiathermane Körper (α = nicht, $\delta\iota\alpha$ = hindurch, $\vartheta\acute{\epsilon}\varrho\mu\eta$ = Wärme). Körper, welche für Wärmestrahlen undurchlässig sind.

Affinität, chemische (affinis = benachbart, verwandt) oder chemische Verwandtschaft ist die Kraft, die die Atome* eines Moleküls* aneinander bindet.

Affinität, mechanische. Die Kraft, die die einzelnen Moleküle eines Körpers oder die Moleküle verschiedener Stoffe (siehe bei Hydrat) aneinander bindet.

Affinitätskonstante. Ein anderer Ausdruck für Dissoziationskonstante, der nach Wi. Ostwald die Beziehungen der Dissoziation zur chemischen Wirksamkeit eines gelösten Stoffes besser zum Ausdruck bringt.

Affinovalente siehe bei Valenz.

Aggregation (aggrego = versammle). Ein der Kondensation* der Gase analoger Vorgang in dispersen Systemen*, bei dem sich die Partikelchen der dispersen Phase* zu gröberen Teilchen zusammenballen.

Aggregationskristallisation. So bezeichnet P. P. v. Weimarn die bei der Filtration eines Soles* auftretenden Koagulations-(Zusammenballungs-)Erscheinungen an der dispersen Phase*. Sie werden durch die bei der Filtration auftretende Einengung, d. h. Konzentrationssteigerung, der dispersen Phase bedingt, die eine Folge der Verringerung der Menge des (abfiltrierenden) Dispersionsmittels* ist.

Aktinometer ($\alpha\kappa\tau\iota\varsigma$ = Strahl). Ein Apparat, der die Intensität von Veränderungen mißt, die eine lichtempfindliche Substanz unter Lichteinwirkung erleidet. Da diese Veränderungen von der Intensität der Lichtstrahlung abhängen, kann man mit Hilfe des A. diese vergleichsweise messen.

Aktive Moleküle siehe bei Molekül.

Aktivität, optische. Die Fähigkeit eines Stoffes, die Schwingungsebene polarisierten Lichtes*, das durch ihn hindurchgeht, zu drehen.

Aktivitätskoeffizient eines Elektrolyten. Nach Sv. Arrhenius das Verhältnis zwischen der Menge von **Ionen***, die in der Lösung eines **Elektrolyten*** bei einer bestimmten Konzentration vorhanden ist, zu jener Menge, die bei uuendlicher Verdünnung der gleichen Menge des gleichen Elektrolyten vorhanden wäre. Da aber bei unendlicher Verdünnung alle Moleküle eines Elektrolyten in Ionen zerfallen sind, so ist der Aktivitätskoeffizient auch ein Ausdruck für die Anzahl der Moleküle, die in einer Lösung bestimmter Konzentration in ihre Ionen zerfallen sind. Der A. kann nach einer mathematischen Formel von Wi. Ostwald aus der **elektrischen Leitfähigkeit*** ($\varLambda$) der zu untersuchenden Lösung und der bekannten (aus bestehenden Tabellen ersichtlichen) Leitfähigkeit des **Kations*** (l^K) und der des **Anions*** (l^A) des gelösten Stoffes berechnet werden. Die Formel lautet:

$$\alpha = \frac{\varLambda}{l^K + l^A},$$

wobei dann α der Wert des Aktivitätskoeffizienten ist. Auch nach der Formel $\alpha \dfrac{n}{m+n}$ kann er bestimmt werden. n ist in dieser Formel die Zahl der dissoziierten (aktiven) Moleküle, m die der undissoziierten (inaktiven). Der A. wird auch als Dissoziationskoeffizient bezeichnet.

Aktor (agere = tun). Bei gekoppelten **Oxydationen*** der eine zweite Substanz oxydierende Stoff. (Luther u. Schielow.)

Aktuelle Ionen siehe bei Ionen.

Aktuelle Reaktion siehe bei Reaktion.

Akzeptor. (accipere = annehmen.) Nach Luther und Schielow der beim Ablauf einer gekoppelten **Oxydation*** vom **Aktor*** oxydierte Stoff.

Allodispersoid. Ein **Dispersoid***, bei dem ein einziger chemischer Grundstoff in verschiedenen **allotropen** Zuständen (siehe bei **Allotropie***) einerseits die **disperse Phase***, andererseits das **Dispersionsmittel*** darstellt. Anstatt Allodispersoid wird auch der Name Allokolloid verwendet.

Allokolloid siehe bei Allodispersoid.

Allotropie ($\dot{\alpha}\lambda\lambda\acute{o}\tau\varrho o\pi o\varsigma$ = anders beschaffen). Das Vorkommen eines chemischen Grundstoffes in mehreren verschiedenartigen Vorkommensweisen, die sich voneinander durch chemische Reaktionsfähig-

Altern der Kolloide — Ampholytoid.

keit und im physikalischen Verhalten meist stark unterscheiden, analytisch-chemisch aber identisch sind. Eine Allotropie besteht z. B. zwischen Sauerstoff und Ozon.

Altern der Kolloide siehe bei Hysteresis.

Amikronen. Stoffpartikelchen, deren Größe so gering ist, daß man sie mit Hilfe des **Ultramikroskopes** * nicht einmal mehr sichtbar machen kann, deren Größe also geringer ist als etwa $^1/_{1\,000\,000}$ mm.

Amorpher Zustand (α = nicht, $\mu o \varrho \varphi \acute{\eta}$ = Gestalt). Eine feste Formart, die sich durch das Fehlen eines charakteristischen Schmelzpunktes und durch völlige Isotropie auszeichnet, d. h. sie verhält sich bezüglich ihrer physikalischen Eigenschaften (z. B. Lichtbrechungsvermögen usw.) nach allen räumlichen Richtungen hin gleich, im Gegensatze zu Kristallen, bei denen das nicht der Fall ist. Beim Erhitzen geht der feste Zustand eines amorphen Stoffes ganz allmählich in den tropfbar-flüssigen über, wobei sich auch seine übrigen physikalischen Eigenschaften nicht sprunghaft, sondern allmählich ändern.

Ampère (Name eines französ. Physikers 1775—1836.) Einheit der elektrischen Stromstärke. Sie wird durch einen elektrischen Strom dargestellt, der beim Durchgang durch eine wäßrige Silbernitratlösung in einer Sekunde 0,001118 g Silber zur Ausscheidung bringt. 1 Ampère Stromstärke ist vorhanden, wenn ein Strom von 1 **Volt*** Spannung einen Widerstand von 1 **Ohm*** überwinden muß.

Ampèrestunde = 3600 **Coulomb*** (s. d.). Es ist die Elektrizitätsmenge, die 1 Ampère in einer Stunde durch den Querschnitt eines Leiters transportiert.

Ampholyte ($\mathring{\alpha}\mu\varphi\omega$ = beide, $\lambda\acute{v}\omega$ = lösen), auch amphotere **Elektrolyte*** genannt. Stoffe, die in Lösungen sowohl Wasserstoff- als auch **Hydroxylionen*** abspalten, und somit sowohl saure als auch basische Eigenschaften haben (Bredig). Je nach der Reaktion des Lösungsmittels überwiegt die Abspaltung der einen oder der anderen Ionenart. Jene Wasserstoffionenkonzentration des Lösungsmittels, bei der der Ampholyt in der Lösung neutral ist, also gleichviel H- und OH-Ionen abspaltet bezeichnet man auch als seinen **isoelektrischen Punkt*** (siehe D).

Ampholytoid. Nach Michaelis ein nicht molekular löslicher Stoff (z. B. die **disperse Phase*** eines **Kolloides***), dessen einzelne Teilchen, je nach der Wasserstoffionenkonzentration der sie umgebenden Lösung, bald negativ elektrisch geladen und von einer H-Ionen-Schicht umgeben sind, bald positiv geladen und umgeben von einer OH-Ionen-Schicht. Bei einer bestimmten H-Ionen-Konzentration der Lösung ist das Ampholytoid elektro-neutral. Dies ist sein isoelektrischer Punkt. Es entspricht also völlig dem Begriff des amphoteren Elektrolyten, nur mit dem Unterschiede, daß jener **molekular gelöst*** ist, dieses aber nicht. Beispiele von Ampholytoiden sind nach Michaelis: Eiweißstoffe, Gelatine, das Protoplasma der meisten Zellen.

Anaballische Stoffe siehe bei Balloelektrizität.

Anaphorese (ava = hinauf, $\varphi \varepsilon \varrho \omega$ = trage.) Das zur -Anode*-Wandern von in einer Flüssigkeit befindlichen Teilchen, wenn ein elektrischer Strom durch die Flüssigkeit geschickt wird.

Anatonose (ava = hinauf, $\tau o v o \varsigma$ = Spannung.) Die Erzeugung osmotisch* wirksamer Stoffe in einer lebenden Zelle bei Einwirkung hypertonischer* Lösungen auf ihr Protoplasma. Durch die Anatonose wird somit der osmotische Druck des Protoplasmas dem der umgebenden Lösung ähnlicher.

Ångström-Einheit. Auf Vorschlag des Physikers Ångström wird die Lage der Spektrallinien mit Hilfe der Wellenlänge bestimmt, wobei die Einheit der Wellenlänge = 10^{-7} mm als Ångström-Einheit (AE) bezeichnet wird. Der sichtbare Teil des **Spektrums*** erstreckt sich über ein Bereich von Wellenlängen von etwa 7500—9000 AE.

Anhydrid ($\alpha v \varepsilon v$ = ohne, $\H{v} \delta \omega \varrho$ = Wasser). Ein Stoff, dessen Moleküle durch den Zusammenschluß zweier OH-haltiger Moleküle unter Wasserabspaltung entstanden ist.

Anhydrid, inneres siehe bei Zwitterion.

Anion ($\alpha v \varepsilon \iota \mu \iota$ = hinaufgehen). Ein Ion, d. h. ein Atom oder Atomkomplex mit elektrischer Ladung, dessen elektrische Ladung negativ ist, und das deshalb in einer Lösung, durch die ein elektrischer Strom hindurchgeht zur positiv geladenen Anode wandert. Z. B. das SO_4 der Schwefelsäure oder das Cl des Kochsalzes. Bezüglich ein-, zwei- usw. wertiger Anionen siehe bei **Wertigkeit der Ionen***.

Anisotropie. (α = nicht, $\iota \sigma o \varsigma$ = gleich, $\tau \varrho \varepsilon \pi \omega$ = wende). Die Eigenschaft eines Körpers, sich bezüglich physikalischer Eigenschaften (z. B. Lichtbrechungsvermögen, Wärmeleitung usw.) je nach der räumlichen Richtung verschieden zu verhalten. Anisotrop sind zum Beispiel die nicht den regulären Systemen angehörigen Kristalle.

Antipoden, optische ($\alpha v \tau \iota$ = entgegen, $\pi o v \varsigma$ = Fuß). Stoffe, die die Schwingungsebene des **polarisierten Lichtes*** nach entgegengesetzter Richtung drehen.

Aräometer ($\alpha \varrho \alpha \iota o \varsigma$ = dünn), Senkwage. Ein Apparat, mit Hilfe dessen das spezifische **Gewicht*** von Flüssigkeiten bestimmt werden kann.

Assoziation, chemische siehe bei Molekularverdopplung.

Asymmetrisches Kohlenstoffatom (α = nicht, $\sigma v \mu \mu \varepsilon \tau \varrho o \varsigma$ = gleichmäßig). Ein Kohlenstoffatom, das mit 4 untereinander verschiedenen Atomen oder Atomkomplexen verbunden ist. Es ließ sich feststellen, daß alle **optisch-aktiven*** Kohlenstoffverbindungen ein solches asymmetrisches Kohlenstoffatom besitzen.

Atmolyse ($\alpha \tau \mu o \varsigma$ = Dampf, $\lambda v \omega$ = löse, trenne). Nach Th. Graham die Scheidung der einzelnen Teile eines in ein poröses Gefäß eingeschlossenen Gasgemenges, die dadurch zustande kommt, daß die verschiedenen Gase durch die poröse Wand verschieden rasch hindurchtreten.

Atmosphärendruck. Der Druck einer Quecksilbersäule von 76 cm Höhe und 1 cm² Querschnitt bei 0° Temperatur unter 45° geographischer Breite in der Höhe des Meeresspiegels. Der so gewonnene Wert für den Atmosphärendruck entspricht einem Gewichte von 1033 g.

Atome ($\alpha\tau o\mu o\varsigma$ = unteilbar). Früher stellte man sich unter Atomen die kleinsten (hypothetischen) stofflichen, nicht weiter teilbaren Teilchen der Materie vor, durch deren Zusammenschluß zu fest verbundenen Gruppen die Moleküle entstehen. Nach den neueren Ansichten von Rutherford und von Bohr stellt man sich unter jedem Atom einen elektropositiv geladenen Kern vor, der fast die ganze Atommasse darstellt, der von einem oder mehreren elektronegativen, sehr massenarmen **Elektronen*** umkreist wird. Ist die elektrische Ladung des Kerns gleich der aller ihn umkreisenden Elektronen, so ist das Atom elektrisch neutral, überwiegt die Ladung der Elektronen die des Kerns, so haben wir ein elektronegatives **Ion***, im umgekehrten Falle ein elektropositives Ion vor uns. Durch den Bau des Atomkernes wird das **Atomgewicht*** eines **Elementes*** bedingt, durch die Anordnung der negativen Elektronen die meisten physikalischen und chemischen Eigenschaften des Atoms. Die erwähnte Vorstellung über das Verhältnis von Atomen zu **Molekülen*** wird durch die neuen Auffassungen über den Atombau im wesentlichen nicht geändert.

Atome, Wirbeltheorie der siehe bei Wirbeltheorie.

Atombindung siehe bei Bindung.

Atomgewicht. Es ist die relative Masse oder das Gewicht eines **Atomes***, bezogen auf das als Einheit angenommene Atomgewicht eines idealen Normalgases, dessen Atommasse gleich $1/16$ von der des Sauerstoffes wäre. Das Atomgewicht ist gleich dem **Verbindungsgewicht*** eines Stoffes.

Atomrefraktion (refringere = brechen). Der Anteil an der **Molarrefraktion***, den man den einzelnen Atomen des Moleküls zuschreibt.

Atomsusceptibilität siehe bei magnetische Susceptibilität.

Atomvolumen. Der Quotient aus Atomgewicht und **Dichte*** eines Elementes oder, anders ausgedrückt, das Produkt aus **Atomgewicht*** und spezifischem **Volumen***.

Atomwärme. Das Produkt aus **Atomgewicht*** und spezifischer **Wärme***. Es ist die Wärmemenge, die einem **Grammatom*** eines Grundstoffes zugeführt werden muß, um seine Temperatur um 1° C zu erhöhen. Nach dem **Gesetze von Dulong und Petit*** ist die Atomwärme bei allen Elementen in festem Aggregatzustande etwa die gleiche und beträgt annähernd 6,4. Einige Elemente (Kohlenstoff, Bor, Silicium) haben eine geringere Atomwärme als 6,4. Bei steigender Temperatur nähert sie sich aber auch bei diesen Stoffen dem genannten Werte. Andererseits ließ sich feststellen, daß alle in reinem Zustand untersuchten, festen Grundstoffe (z. B. Silber, Jod) bei tiefen Temperaturen eine mit dem Sinken der Temperatur immer kleiner werdende Atomwärme haben.

Ausdehnungskoeffizient, kubischer (cubus = Würfel). Die Zahl, die angibt, um den wievielten Teil des ursprünglichen Rauminhaltes sich ein Körper bei Erwärmung um 1° C ausdehnt.

Ausdehnungskoeffizient, linearer (linea = Linie). Die Zahl, die angibt, um den wievielten Teil seiner ursprünglichen Länge die Länge eines Körpers durch sein Erwärmen um 1° C ausgedehnt wird.

Ausflockung eines Kolloides. Eine Vereinigung der Teilchen der **dispersen Phase*** eines Kolloides zu gröberen Partikeln und spontane Sedimentierung (Absetzung) derselben. Eine solche Ausflockung kann durch Zusatz von **Elektrolyten*** oder **Kolloiden*** mit entgegengesetzter elektrischer Ladung oder durch chemische Reaktionen im Kolloid usw. bewirkt werden. Sie kann so sein, daß die Ausflockung durch entsprechende Maßnahmen wieder rückgängig zu machen ist (reversible A.) oder so, daß dies nicht mehr der Fall ist (irreversible A.). Im ersteren Falle ist die Ausflockung ohne Veränderung ihrer stofflichen Zusammensetzung wieder kolloidlöslich, in letzterem nicht mehr. In letzterem Falle spricht man auch von **Koagulation***. Vergleiche auch das bei **unregelmäßige Reihen*** und das bei **Fällungszone*** Gesagte.

Aussalzung. Die Erniedrigung der Löslichkeit eines Stoffes in einem Lösungsmittel durch Zufügen von Neutralsalz zu letzterem. Auch die Kolloidfällung durch Neutralsalze gehört zu den Aussalzungsphänomenen. Es ist zum Beispiel ein wichtiges Hilfsmittel zur Trennung verschiedener Eiweißarten, daß sich manche von ihnen aus ihren Lösungen (z. B. durch Kochsalz oder Magnesiumsulfat) aussalzen lassen, andere aber nicht.

Autoanaballisch siehe bei Balloelektrizität.

Autokataballisch siehe bei Balloelektrizität.

Autokatalyse ($\alpha\nu\tau o\varsigma$ = selbst, $\varkappa\alpha\tau\alpha\lambda\acute{\nu}\omega$ = auflösen). Eine chemische Umsetzung, durch die ein sie selbst beschleunigender **Katalysator*** entsteht. Solche Reaktionen pflegen mit wachsender Schnelligkeit fortzuschreiten.

Avidität (avidus = gierig). Ein Ausdruck für die Kraft, mit der eine Säure die andere aus ihrer Verbindung in Salzen verdrängt.

Avogadro's Konstante (Avogadro, ital. Physiker 1776—1856). Die absolute Zahl der im Grammolekül (d. h. in soviel Gramm eines Stoffes, als sein Molekulargewicht anzeigt) enthaltenen Moleküle. Sie ist auf verschiedenste Weise berechnet worden. Die errechneten Werte ergaben in guter Übereinstimmung etwa $6-7 \cdot 10^{23}$.

Avogadro's Regel. Alle Gase enthalten bei gleicher Temperatur und gleichem Drucke in der Volumeinheit die gleiche Anzahl von Molekülen. Diese Regel gilt, (nach van't Hoff) nicht nur für Gase, sondern auch für die **echten Lösungen.**

Azidoid (acidus = sauer). Nach Michaelis ein nicht **molekulardispers*** löslicher Stoff, der sich reinem Wasser gegenüber elektro-negativ lädt. Also z. B. **kolloid*** gelöste Teilchen, die negative Ladung haben und im Wasser somit von einer beweglichen Schicht von ihnen angezogener positiv geladener **H-Ionen*** umgeben sind. Ein Azidoid kann dadurch zustande kommen, daß die einzelnen **dispersen*** Teilchen, wie ein Säuremolekül, in der Lösung H-Ionen abspalten, und dadurch selbst elektronegativ werden, oder dadurch, daß sie aus der Lösung elektronegative OH-Ionen an sich binden. Beispiele von Azidoiden sind nach Michaelis: Mastix, Agar, Kollodium, Bakteriensubstanz. Siehe auch bei Basoid und Ampholytoid.

Badspannung. Die Spannung zwischen zwei in eine Elektrolytlösung (Bad) eintauchenden **Elektroden*.**

Balloelektrizität ($\beta \alpha \lambda \lambda \omega$ = werfe). Wird auch als Wasserfallelektrizität bezeichnet. Nach Christiansen das Auftreten elektrischer Ladung beim Zerstäuben einer Flüssigkeit an den Teilchen dieser. Gemessen kann die Balloelektrizität in der Art werden, daß man die betreffende Flüssigkeit gegen eine Platinplatte zerstäubt, die mit einem Elektrometer verbunden ist, dessen Ausschläge man beobachtet. Durch Auflösung verschiedener Stoffe in der Flüssigkeit, die zerstäubt wird, kann die B. verschieden beeinflußt werden. Salze, viele Säuren und Basen beeinflussen sie sehr wenig. Solche Stoffe nennt Christiansen **aballisch.** Stoffe, die eine positive elektrische Ladung der Platinplatte, gegen die sie zerstäubt werden, bedingen, nennt er **autokataballisch** oder **kataballisch** (z. B. Wasser, Öle, Fettsäuren, Alkohole, Ammoniak), Stoffe, die beim Zerstäuben eine negative elektrische Ladung der Platte ergeben (wie Anilin, Chinin usw.), nennt er **autoanaballisch** oder **anaballisch.**

Basen. Stoffe, die in wäßriger Lösung Hydroxylionen (OH′) abspalten und mit Säuren Salze bilden.

Basenbindungsvermögen siehe bei Basenkapazität.

Basenkapazität (capere = nehmen, fassen), oder das Basenbindungsvermögen, besagt, wieviel Alkali eine Flüssigkeit zu neutralisieren vermag, ist also ein Maß für die Menge der in ihr enthaltenen **aktuellen** und **potentiellen H-Ionen*.**

Basoid. Nach Michaelis ein nicht **molekular-dispers*** löslicher Stoff (also z. B. ein **Kolloid***), dessen einzelnen **dispersen Teilchen***

elektropositiv geladen sind und in der sie umgebenden Lösung von einer beweglichen Schicht, durch sie angezogener, elektronegativ geladener OH-Ionen umgeben sind. Siehe auch bei Ampholitoid und Azidoid. Basoide sind bisher nicht als praktisch vorkommend bekannt.

Bathmochrome Gruppen ($\beta\alpha\vartheta\mu o\varsigma$ = Stufe, $\chi\varrho\tilde{\omega}\mu\alpha$ = Farbe). Atomgruppen, die, im Wege der Substitution* in eine chemische Verbindung eingeführt, eine Verschiebung der Absorptionsstreifen* des Spektrums dieser Verbindung gegen das Rot hin bewirken, sie also in einem vertieften Farbenton erscheinen lassen.

Beckmann'scher Apparat. (Deutscher Chemiker.) Apparat zur Bestimmung des Gefrierpunktes einer Flüssigkeit.

Beckmann'sches Thermometer. Ein in $1/_{100}$ Grade geteiltes Thermometer mit willkürlich veränderbarer Nullpunktseinstellung, das einen Bestandteil des Beckmann'schen Apparates zur Gefrierpunktsbestimmung bildet.

Becquereleffekt. (Französischer Physiker 1852—1908.) Die Tatsache, daß in einem Stromkreise, der durch Eintauchen zweier gleicher Elektroden* in denselben Elektrolyten* gebildet wird, bei Belichtung nur der einen Elektrode ein elektrischer Strom entsteht.

Benetzung. Die freiwillige Ausbreitung einer Flüssigkeit auf einer festen Phase.

Benetzungswärme. Die Wärmemenge, die beim Zusammenbringen einer festen Grenzfläche mit einer sie benetzenden Flüssigkeit entwickelt wird. Sie entspricht der Adsorptionswärme* von Dämpfen der betreffenden Flüssigkeit bei ihrem Sättigungsdruck* (H. Freundlich). Nach Jungk und Schwalbe ist die Benetzungswärme eines Adsorbens* mit Wasser von mehr als $+4°$ C positiv, mit solchem von weniger als $+4°$ C Temperatur, negativ.

Beständigkeit der Materie, Gesetz der —. Bei allen chemischen Vorgängen bleibt die Summe der Massen der beteiligten Stoffe unverändert.

Bildungswärme. Die Wärme, die bei Bildung eines Grammoleküls eines Stoffes aus den sein Molekül zusammensetzenden Atomen entsteht. Bei der Berechnung der Bildungswärme muß bei Reaktionen, bei denen Gase beteiligt sind, die Bildungswärme auf konstantes Volumen umgerechnet werden, da die eventuell aufgenommene oder abgegebene Volumenergie, die bei flüssigen und festen Stoffen eine Größe ist, die vernachlässigt werden kann, bei Gasen mitunter recht beträchtlich ist.

Biltz'sche Regel. Entgegengesetzt geladene Kolloide* fällen einander aus, jedoch nur, wenn sie in den geeigneten Mengenverhältnissen gemischt werden.

Biomolekulare Reaktion siehe bei Reaktion.

Binäre Elektrolyte siehe bei Elektrolyte.

Bindung, einfache. Eine **Hauptvalenzbindung*** von Atomen, bei der keinem der beteiligten Atome ungesättigt gebliebene **Affinitäten*** die weitere Bindung eines Atomes oder Atomkomplexes gestatten.

Bindung, ionogene. Chemische Bindung derart, daß die Atome der Verbindung sich in Lösungen unter Aufnahme von **Elektronen*** voneinander trennen und als selbständige Ionen in der Lösung existieren. Siehe auch bei **Lückenbindung***.

Binnendruck. Der im Innern einer Flüssigkeit herrschende, nach einwärts gerichtete Druck. Er ist gleich dem Zuge, mit dem die völlig ebene Oberfläche einer Flüssigkeit nach innen gezogen wird. Siehe auch bei **Elektrostriktion***.

Birotation siehe bei Multirotation.

Bodenkörper. Die feste **Phase*** eines **heterogenen Systems***, das aus gesättigter Lösung und dem gelösten Stoff im Überschuß (in fester Form als sogenannter Bodenkörper) besteht.

Bolometer ($\beta o\lambda \eta$ = Strahl). Ein von Langley erfundener Apparat zur Messung der Änderung des elektrischen Widerstandes eines Körpers bei Temperaturänderungen. Mit Hilfe dieser Vorrichtung kann strahlende Wärme gemessen werden.

Boyle-Mariotte's Gesetz. (Boyle, engl. Naturforscher 1627—1691. Mariotte, frz. Physiker 1670—1684.) Es besagt für Gase, daß bei konstanter Temperatur das Produkt aus dem Drucke (p) und dem Volumen (v) eines Gases eine konstante Größe $pv = k$ ist. Auf molekulare Lösungen angewendet, besagt es, daß bei konstanter Temperatur der osmotische Druck einer Lösung ihrer Konzentration direkt proportional ist.

Brechung des Lichtes oder Refraktion. Es ist die Ablenkung, die ein Lichtstrahl bezüglich seiner Richtung erfährt, wenn er aus einem Medium in ein solches mit anderer Dichte gelangt. Die Stärke der Brechung ist der Ausdruck des Brechungsvermögens der betreffenden Substanz, die das zweite Medium bildet.

Brechungsexponent siehe bei Brechungsindex.

Brechungsindex (index-Anzeiger). Das Verhältnis der Fortpflanzungsgeschwindigkeit von Licht bestimmter Wellenlänge in zwei Medien zueinander. Gewöhnlich wird der Brechungsindex einer Substanz mit Bezug auf die Luft berechnet. Zugleich ist der Brechungsindex (n) jene Zahl, die das Verhältnis zwischen dem Sinus des Einfallswinkels i und dem des Brechungswinkels r eines Lichtstrahles in einem Körper angibt. $n = \dfrac{\sin i}{\sin r}$. Er wird auch als **Brechungskoeffizient**, Brechungsquotient, **Brechungsexponent** oder kurzweg mit n bezeichnet. Um den absoluten Wert des Brechungsindex zu erfahren, muß man den auf Luft bezogenen Wert als Korrektur noch mit 1,00029 (dem Brechungsindex der

Luft gegen den leeren Raum) multiplizieren. Der so erhaltene Wert heißt der **absolute Brechungsindex**. Jede Molekülart hat ihren bestimmten Brechungsindex, der sich einerseits als **additive Eigenschaft*** aus der Summe der Brechungsindices der einzelnen, das Molekül zusammensetzenden Atome ergibt, anderseits aber auch von der Anordnung der Atome im Molekül abhängt (konstitutive Eigenschaft), so daß z. B. **isomere*** Stoffe verschiedene Brechungsindices haben. Der Wert des Brechungsindex ist auch von der Temperatur und der Art des verwendeten Lichtes abhängig. Beides wird deshalb bei Angabe des Brechungsindex stets mit angeführt. Es bedeutet z. B. n_D^{15} den Brechungsindex n für das Licht der gelben Natriumlinie D bei 15° C.

Brechungsindex, absoluter siehe bei Brechungsindex.

Brechungsindex, molekularer. Das Produkt aus dem **Molekulargewicht*** und dem **Brechungsindex*** des betreffenden Stoffes bezogen auf das Natriumlicht und eine Temperatur von 20°. $M \cdot n_D^{20}$.

Brechungskoeffizient siehe bei Brechungsindex.

Brechungsquotient siehe bei Brechungsindex.

Brechungsvermögen siehe bei Brechung.

Brown'sche Molekularbewegung. Die vom englischen Botaniker R. Brown (1773—1858) im Jahre 1827 entdeckten dauernden spontanen Bewegungen feinster Teilchen der **dispersen Phase*** eines heterogenen Systems.

Brücke, Wheatstone'sche. Ein von Wheatstone (engl. Physiker 1802—1875) konstruierter Apparat zur Ermittlung des elektrischen Widerstandes einer Substanz und damit auch ihres reziproken Wertes, der sogenannten Leitfähigkeit. Die Anordnung besteht aus einer aus vier Widerständen bestehenden Stromverzweigung. Die Widerstände sind zu zweit nebeneinander in den Stromkreis geschaltet und quer durch ein Galvanometer verbunden. Verhalten sich die Widerstände der einzelnen Zweige $\frac{a}{b} = \frac{c}{d}$, so ist das Galvanometer stromlos. Ist $\frac{a}{b}$ und c bekannt, so kann man einen beliebigen eingeschalteten Widerstand d leicht berechnen.

Cadmiumnormalelement. Das gebräuchlichste **Normalelement***. Seine Zusammensetzung ist:

12,5%iges Kadmiumamalgam/Paste von ZnSO$_4$/Paste von Quecksilberoxydsulfat/Quecksilber.

Nach den Angaben von Ostwald-Luther beträgt seine elektromotorische Kraft

Calorie — Capillargesetz.

bei: 0°, 5°, 10°, 15°, 20°,
internationale Volt: 1,0189, 1,0189, 1,0189, 1,0188, 1,0186,
25°, 30°.
1,0184, 1,0181.

Calorie (calor = Hitze). Die Wärmeeinheit. Siehe bei **Grammcalorie*** und bei **Nullpunktcalorie***.

Calorie, mittlere. $^1/_{100}$ der Wärmemenge, die notwendig ist, um 1 g Wasser von 0° auf 100° C zu erwärmen.

Calorimeter. Ein Apparat zur Feststellung und Messung der Wärmetönung eines beobachteten Systems.

Capillaraktiv siehe bei Oberflächenaktiv.

Capillardruck siehe bei Krümmungsdruck.

Capillarinaktiv siehe bei Oberflächeninaktiv.

Capillaranalyse kolloider Lösungen (capillus = Haar). Sie beruht darauf, daß ein mit einem Ende in eine kolloide Lösung eingetauchter Filterpapierstreifen bei einem **negativen Kolloid*** das **Dispersionsmittel*** und die **disperse Phase*** desselben gleichzeitig und annähernd auch gleich hoch aufsaugt. Macht man jedoch den gleichen Versuch mit einem **positiven Kolloid***, so steigt das Dispersionsmittel im Filterpapierstreifen zwar hoch empor, die disperse Phase erhebt sich jedoch nur ganz wenig über das Niveau der untersuchten Flüssigkeit im Filterstreifen empor. In diesem Verfahren besitzt man ein Mittel, um positive von negativen Kolloiden zu unterscheiden, die sogenannte Capillaranalyse. Die Erklärung für die genannte Erscheinung ist darin zu suchen, daß das Filtrierpapier durch das Aufsteigen der Flüssigkeit in den capillaren Räumen zwischen seinen einzelnen Fasern eine negative elektrische Ladung erhält. (Siehe auch das bei **Strömungsströme*** Gesagte.)

Capillarchemie. Nach H. Freundlich die Wissenschaft von den Zusammenhängen zwischen den Erscheinungen an Grenzflächen einerseits und den stofflichen Eigenschaften und Veränderungen andererseits.

Capillardruck siehe bei Krümmungsdruck.

Capillare Steighöhe siehe bei Steighöhe.

Capillarelektrometer. Wenn man einen elektrischen Strom durch eine mit Quecksilber und Schwefelsäure gefüllte Glascapillare schickt, so verschiebt sich der Quecksilberfaden in der Capillare je nach der Richtung und Stärke des Stromes. Ein mit Hilfe dieses Grundsatzes messender Apparat zur Messung geringer elektrischer Spannungsänderungen ist das Capillarelektrometer (konstruiert von Lippmann).

Capillargesetz von J. Traube. Es besagt, daß die **Oberflächenspannung*** von Wasser durch die Auflösung von äquimolekularen Mengen verschiedener Stoffe, die alle einer homologen Reihe organischer Substanzen angehören, derartig beeinflußt wird, daß die Erniedrigung seiner Oberflächenspannung durch die einzelnen aufeinanderfolgenden Glieder der Reihe im Verhältnis $1:3:3^2:3^3\ldots$ erfolgt.

Capillarisieren eines Kolloids. Seine Untersuchung mit Hilfe der **Capillaranalyse***.

Capillaritätskonstante. Soll die Oberfläche S einer Flüssigkeit um den unendlich kleinen Wert dS vergrößert werden, so ist hierzu die Arbeit CdS nötig. C ist hierbei eine für jede Flüssigkeit charakteristische, konstante Größe, die als Capillaritätskonstante bezeichnet wird.

Capillarkonstante. Das Flüssigkeitsgewicht, das von der Längeneinheit der Berührungslinie einer Flüssigkeit und einer vollkommen benetzten Fläche ertragen wird. Gelegentlich bezeichnet man auch die Größen des **Randwinkels*** und der **Oberflächenspannung*** als die Capillarkonstanten einer Flüssigkeit.

Capillarmanometer. Ein von Fr. Czapek ersonnener Apparat zur Messung der **Oberflächenspannung*** von Flüssigkeiten. Mit diesem Apparate wird manometrisch der Druck gemessen, der notwendig ist, um aus einer Capillare (einem sehr dünnen Röhrchen), welche 2 mm tief in die zu untersuchende Flüssigkeit eintaucht, eine Luftblase durch die Flüssigkeit hindurchzupressen. Die für die einzelnen untersuchten Flüssigkeiten festgestellten manometrischen Werte sind ihrer Oberflächenspannung direkt proportional.

Centesimalgrade (centum = hundert). Beim Erwärmen von $0°$ auf $100° C$ dehnen sich 1000 Raumteile eines Gases bei 76 cm Barometerstand auf 1367 Raumteile aus. (Siehe auch bei **Gay-Lussac's Gesetz***.) Wird nun ein Gas als thermometrische Substanz benutzt, so bezeichnet man die durch $^1/_{100}$ dieser Ausdehnung bestimmte Temperaturstufe als Centesimalgrad.

Chemie, physikalische. Sie wird auch als allgemeine Chemie (Wi. Ostwald) oder als theoretische Chemie (Nernst) bezeichnet. Nach einer Definition von K. Jellinek ist sie die Wissenschaft, welche die physikalischen Prinzipien auf die chemischen Erscheinungen anwendet, d. h. die komplizierten chemischen Erscheinungen auf die einfacheren, klarer erkannten physikalischen zurückzuführen sucht.

Chemiluminiszenz siehe bei Luminiszenz.

Chemische Affinität siehe bei Affinität.

Chemische Elemente siehe bei Element.

Chemisches Gleichgewicht siehe bei Gleichgewicht.

Chemisches Potential siehe bei Potential.

Chemische Umlagerung siehe bei Umlagerung.

Chemische Verdrängung siehe bei Substitution.

Chromophore. ($\chi\rho\tilde{\omega}\mu\alpha$ = Farbe, $\varphi\varepsilon\rho\omega$ = trage.) Nach N. O. Witt solche Atomgruppen, die durch ihre Gegenwart in einem Molekül die Farbe des betreffenden Stoffes bedingen. So ist bei vielen Farbstoffen die Azogruppe als Chromophor zu betrachten.

Coehn'sche Regel. In dispersen Systemen* ist der Stoff mit der höheren Dielektrizitätskonstante* positiv geladen gegenüber dem mit der niederen Dielektrizitätskonstante.
Coulomb. (Franz. Physiker 1736—1806.) Einheit der Elektrizitätsmenge. Sie scheidet beim Durchgang von elektrischem Strom durch eine Silbernitratlösung aus dieser 0,0011180 g Silber aus. Es ist auch jene Elektrizitätsmenge, die in 1 Sekunde bei einer Stromstärke von 1 Ampère* durch den Querschnitt eines Leiters strömt.
Coulomb'sches Gesetz. Die Kraft, mit der zwei elektrische Teilchen aufeinander einwirken, ist direkt proportional den Elektrizitätsmengen und umgekehrt proportional dem Quadrate der Entfernung der Teilchen voneinander.
Coulometer = Voltameter. Eine Anordnung, die es gestattet, Elektrizitätsmengen auf Grund des Vergleiches der durch sie bedingten chemischen Umsetzungen zu messen.

Daltons Gesetz. (Englischer Naturforscher 1766—1844.) Der Druck den ein Gasgemenge auf die Wände des es umschließenden Gefäßes ausübt, ist gleich der Summe der Drucke, die die einzelnen Gase ausüben würden, wenn sie allein das gleiche Gefäß erfüllten. Siehe auch bei Absorptionsgesetz* ferner bei Gesetz der konstanten und multiplen Proportionen*.
Dampf. Ein Gas, das durch Druckverminderung oder Temperaturerhöhung aus einer Flüssigkeit gewonnen wurde und in dieselbe wieder verwandelt werden kann. Nach einer andern Definition: Ein Gas in seinem Sättigungspunkt, d. h. in jenem Zustande, bei dem die Raumeinheit die größtmögliche Zahl von Gasteilchen enthält.
Dampf, gesättigter. Ein Gas, das in der Raumeinheit die größte, bei der herrschenden Temperatur mögliche Zahl von Dampfteilchen enthält.
Dampfdichte siehe bei Gasdichte.
Dampfdruck. Allgemein wird unter D. das Bestreben eines Stoffes in den Dampfzustand überzugehen verstanden. Im besonderen wird unter D. auch die Dampftension oder Maximalspannung, jener einzige für jede Temperatur bestimmte Druck verstanden, bei dem von einem Stoff die Gasform neben der kondensierten Form beliebig lange bestehen kann, bei dem Gas und kondensierte Form eines Stoffes sich miteinander im Gleichgewichte* befinden. Bei Gemischen ist stets die Partialspannung jedes Teiles des Gemisches geringer, als die Dampfspannung des gleichen Stoffes in reinem (mit keinem anderen Stoffe gemischten) Zustande, bei der gleichen Temperatur.

Dampfdruckerniedrigung. Die Herabsetzung des **Dampfdruckes***
einer Flüssigkeit durch Zusatz irgendeines in ihr löslichen Stoffes.
Infolge der Erscheinung der Dampfdruckerniedrigung ist der Dampfdruck einer Lösung stets niedriger als der des reinen Lösungsmittels.
Gay-Lussac hat (1822) die durch Auflösung von Salzen eintretende
Dampfdruckerniedrigung des Wassers als erster beschrieben.

Dampfdruckerniedrigung, Gesetz der siehe bei Raoult.

Dampfspannung siehe bei Dampfdruck.

Dampfstrahlphänomen. Die zuerst von R. v. Helmholtz beobachtete Erscheinung, daß ein Wasserdampfstrahl deutlicher sichtbar
bis undurchsichtig wird oder verschieden gefärbt erscheint, wenn
die in den Strahl gelangende Luft elektrizitätstragende Partikelchen
enthält. Das D. tritt allgemein dann auf, wenn auf irgendeine Weise
Kondensationskerne in den Dampfstrahl gebracht werden.

Dampftension siehe bei Dampfdruck.

Danysz-Phänomen. Bei Immunkörperreaktionen (Danysz) und bei
Kolloidfällungen (H. Freundlich) hängt der Reaktionsablauf von
der Geschwindigkeit, mit der das Reagens der auszuflockenden Substanz zugesetzt wird, ab.

Dehnungskoeffizient. Die Längenzunahme der Längeneinheit eines
Körpers durch einen von einem Kilogramm an ihm ausgeübten Zug

Densimeter (densus = dicht). Ein Dichtemesser. Ein **Aräometer***
dessen Eichungsskala das spezifische Gewicht, der geprüften Flüssigkeit unmittelbar ablesen läßt.

Dehydratation siehe bei Hydratheorie der Lösungen.

Depolarisator. Ein Stoff, der als Überzug einer **Elektrode*** verwendet, dieselbe **unpolarisierbar*** macht, d. h. die Bildung gewisser chemischer Umsetzungsprodukte an der Elektrode verhindert,
die einen, dem ursprünglichen entgegengesetzt gerichteten elektrischen
Strom veranlassen würden.

Depression des Gefrierpunktes = Gefrierpunktserniedrigung (s. d.).

Desaggregationstheorie von Rutherford. Sie besagt, daß sich
die Atome eines radioaktiven Stoffes in einem Zustand ständigen
spontanen Zerfalles befinden.

Desintegrationstheorie = Desaggregationstheorie (s. d.).

Desmotropie ($\delta\varepsilon\sigma\mu o\varsigma$ = Band, Verbindung; $\tau\rho\acute{\varepsilon}\pi\omega$ = wende) Veränderungen in der Art der Anordnung der Atome innerhalb eines Moleküls. Durch sie wird vielfach der Übergang einer **isomeren*** Form
eines Stoffes in die andere bedingt.

Dialysator ($\delta\iota\alpha\lambda\acute{\upsilon}\omega$ = trenne). Einfacher, zuerst von Th. Graham
verwendeter Apparat zur Trennung **kolloider*** von **kristalloiden***
Stoffen. Da erstere im Gegensatz zu letzteren durch gewisse Membranen nicht hindurchtreten können, so wird die zu behandelnde
Lösung im Dialysatoren durch eine solche Membran von einer Menge
destillierten Wassers getrennt. Die Kristalloide treten durch die

Membran in das destillierte Wasser über, die Kolloide werden in dem Dialysator zurückgehalten.

Dialyse. Die Tatsache, daß ein molekular gelöster Stoff, dessen Lösung durch eine Membran vom reinen Lösungsmittel getrennt ist, durch diese Membran hindurch in das Lösungsmittel eindringt. Kolloid gelöste Stoffe zeigen die Erscheinung der Dialyse nicht, sondern werden von dergleichen (z. B. tierischen) Membranen nicht durchgelassen.

Diamagnetismus. Diamagnetisch sind Körper, die sich, zwischen die Pole eines Magneten gebracht, mit ihrer Längsachse quer zur Verbindungslinie der Magnetpole zu stellen suchen (z. B. Wismut).

Diathermane Körper ($\delta\iota\alpha$ = hindurch, $\vartheta\acute{\varepsilon}\varrho\mu\eta$ = Wärme). Solche Körper, welche für Wärmestrahlen durchlässig sind und beim Durchgang von Wärmestrahlen ihre Temperatur nicht ändern (Melloni).

Dichroismus ($\delta\acute{\iota}\varsigma$ = doppelt, $\chi\varrho\tilde{\omega}\varsigma$ = Farbe). Die Eigenheit mancher Körper im auffallenden Lichte eine andere Farbe zu zeigen als im durchfallenden. Bei Kristallen bezeichnet man mit Dichroismus die Eigenschaft, nach zwei Richtungen im durchfallenden Lichte verschieden gefärbt zu sein. Bei Kristallen, die diese Eigenheit nicht nur in zwei Richtungen zeigen, spricht man von Trichroismus (Dreifarbigkeit) oder Pleochroismus (Vielfarbigkeit). Ein Instrument zur Erkennung des Dichroismus usw. ist das **Dichrooskop.**

Dichte = spezifisches Gewicht. Das Verhältnis des Gewichtes eines Stoffes zum Raum, den er einnimmt. Sie wird gemessen durch den Vergleich des Gewichtes gleicher Rauminhalte des zu untersuchenden Stoffes und Wassers von $+4°$ C. Die Dichte ist demnach das Gewicht der Volumeinheit eines Stoffes.

Dichte, orthobare ($\delta\varrho\vartheta\acute{o}\varsigma$ = gerade, $\beta\alpha\varrho o\varsigma$ = Schwere). Die Dichte einer Flüssigkeit unter dem Drucke ihres gesättigten Dampfes.

Dielektrika. Nach Faraday elektrische Nichtleiter.

Dielektrizitätskonstante. Den Einfluß der Natur eines Mediums auf die elektrostatische Wechselwirkung zweier in ihm befindlicher Körper mit elektrischer Ladung kann man bestimmen. Würden die beiden Körper einander z. B. im Vakuum mit der Kraft K anziehen, so tun sie das, in einem anderen Medium mit der Kraft $\frac{K}{D}$, wobei D als die Dielektrizitätskonstante dieses Mediums bezeichnet wird. Gelegentlich wird sie auch ε genannt. Der leere Raum hat somit die Dielektrizitätskonstante 1.

Differenzrefraktometer (differentia = Unterschied, refringo = breche). Apparat zur Messung des Unterschiedes zwischen dem Brechungsindex* einer Lösung und dem des reinen Lösungsmittels.

Diffusion (diffundo = breite aus). Die Eigenschaft eines Stoffes, sich selbsttätig derart in seinem Lösungsmittel auszubreiten, zu verteilen, daß schließlich an jeder Stelle der Lösung das gleiche Volumen Lösungsmittel die gleiche Menge des gelösten Stoffes enthält.

Diffusionshülsen. Membranen aus Pergament, Schweins- oder Fischblase, aus Kollodium usw. in Schlauchform, die für Kolloid* gelöste Stoffe undurchgängig, für echt gelöste (molekular disperse) Stoffe aber durchgängig sind und deshalb als Scheidewand zu Dialyse*-Versuchen verwendet werden.

Diffusionskatalyse. Ein als Katalyse* aufzufassender Vorgang, bei dem die Endprodukte der katalytisch beeinflußten chemischen Reaktionen, eine an den Katalysator adsorbierte Schichte bilden, durch welche die Reaktionsausgangsstoffe hindurchdiffundieren müssen, um an den Katalysator heranzukommen. Die Umsetzung dieser Ausgangsstoffe geht in Berührueg mit dem Katalysator sehr rasch vor sich, während ihre Diffusion durch die an den Katalysator adsorbierte Schichte der Reaktionsendprodukte relativ langsam erfolgt.

Diffusionskonstante. Eine für die Geschwindigkeit der Diffusion einer jeden Substanz maßgebende, für jeden Stoff, für ein bestimmtes Lösungsmittel, charakteristische Größe. Sie ist gleich der Stoffmenge, die in 1 Sekunde einen Zylinder von 1 cm^2 Querschnitt und 1 cm Länge beim Konzentrationsgefälle 1 auf dieser Strecke passiert. Im allgemeinen ist sie bei Vergleich der Diffusion verschiedener Stoffe im gleichen Medium und bei gleichen äußeren Bedingungen (Temperatur usw.) etwa umgekehrt proportional der Wurzel aus dem Molekulargewicht der verglichenen Stoffe.

Diffusionspotential. Die elektrische **Potentialdifferenz*** an der Grenze zweier verschieden stark konzentrierter einander berührender Lösungen des gleichen **Elektrolyten***. Sie wird vermutlich durch den Unterschied in der Geschwindigkeit der **Diffusion*** der beiden **Ionen***-Arten des Elektrolyten in dem Lösungsmittel bedingt.

Dilatometer (dilato = verbreitere). Apparat zur Bestimmung des **Ausdehnungskoeffizienten*** von Flüssigkeiten.

Dimorphie (δv_{ς} = zwei, $\mu o \varrho \varphi \eta$ Gestalt). Das Vorkommen ein und derselben chemischen Substanz in zwei verschiedenen Kristallformen (z. B. rhombischer und monokliner Schwefel).

Diphasische elektromotorische Kräfte. Nach M. Cremer bezeichnet man so elektromotorische Kräfte, die an der Grenze von Lösungen eines **Elektrolyten*** in verschiedenen Lösungsmitteln entstehen. Sie kommen vermutlich dadurch zustande, daß die **Ionen*** des Elektrolyten für verschiedene Lösungsmittel nicht beide den gleichen **Verteilungskoeffizienten*** haben.

Diphasische Ketten. Aus Lösungen eines und desselben **Elektrolyten*** in verschiedenen sich nicht ineinander lösenden Lösungsmitteln zusammengestellte **Konzentrationsketten*** ohne Verwendung von **Leitern erster Klasse***. Zuerst von M. Cremer verwendet. Siehe auch bei diphasische elektromotorische Kräfte.

Dispergens (dispergere = zerstreuen) siehe bei Dispersionsmittel.
Disperse Phase eines Kolloides, auch als Dispersum bezeichnet. Sie ist nach Wo. Ostwald die Gesamtheit der im **Dispersionsmittel*** verteilten feinsten Teilchen eines **kolloid*gelösten** Stoffes. Für gewöhnlich sind die Teilchen der dispersen Phase nicht in unmittelbarer Berührung miteinander, sondern jedes von dem andern durch eine dünne Schichte des Stoffes, in dem sie verteilt sind, dem Dispersionsmittel, getrennt. Bei beginnender **Koagulation*** können jedoch auch die Teilchen der dispersen Phase als feinstes Netzwerk, Fädengewirr usw. miteinander zusammenhängen, wobei dann eine scharfe Unterscheidung von disperser Phase und Dispersionsmittel aufhört.
Disperse Systeme. Nach Wo. Ostwald Systeme bei denen die spezifische Oberfläche, das ist die Gesamtoberfläche dividiert durch das Volumen, sehr groß ist.
Dispersion, Vorgang der. Eine diskontinuierliche Vergrößerung der Oberfläche einer **Phase***. Sie kommt durch Aufteilung einer bestimmten Menge eines Stoffes in sehr viele Einzelteilchen zustande. Siehe bei D. **kolloidchemische***.
Dispersion, optische oder Farbenzerstreuung. Die bei der Brechung des Lichtes auftretende Zerlegung in Strahlen verschiedener Wellenlänge. Sie kommt dadurch zustande, daß die Stärke der Ablenkung eines Lichtstrahles beim Übergang von einem Medium in ein anderes für Lichtarten verschiedener Wellenlängen verschieden groß ist.
Dispersion, kolloidchemische. Der Verteilungszustand einer **Phase*** in einer anderen in der Weise, daß die voneinander getrennten Teilchen der ersteren (der sogenannten dispersen Phase) jedes vom anderen durch eine Schichte des zweiten Stoffes (des sogenannten Dispersionsmittels) getrennt sind. In diesem Sinne ist Dispersion gleichbedeutend mit dem Ausdruck disperses System.
Dispersion, eigentliche oder grobe. Ein **disperses System*** mit einem geringern **Dispersitätsgrad*** als $6 \cdot 10^5$, also mit einer Teilchengröße der **dispersen Phase*** von mehr als $1/_{10000}$ mm.
Dispersion, molekulare. Die Verteilung eines Stoffes in einem andern in der Art, daß jedes seiner Moleküle vom andern getrennt für sich im Lösungsmittel schwebt. (Echte oder molekulare Lösung.)
Dispersion spezifische des Lichtes. Der Unterschied in der Stärke der Lichtbrechung verschiedener Strahlenarten durch ein und denselben Stoff. Zur Berechnung der s. D. wird meist eine von Brühl angegebene Formel verwendet, die aus der Lorentz-Lorenz'schen Refraktionskonstanten (s. d) abgeleitet ist.

$$\frac{n_\gamma^2 - 1}{n_\gamma^2 - 2} \cdot \frac{1}{d} - \frac{n_\alpha^2 - 1}{n_\alpha^2 - 2} \cdot \frac{1}{d}.$$

n_γ, bedeutet in dieser Formel die **Refraktion*** des Strahles H_γ, n_α die des Strahles H_α des Wasserstoffspektrums. Multipliziert man die Brühlsche Formel noch mit dem Molekulargewicht des untersuchten Stoffes, so erhält man die sogenannte **Molekulardispersion** des Stoffes.

Dispersionsbewegungen. Die Bewegungen, die disperse Teilchen bei ihrem Entstehen, d. h. also bei der Trennung des vorher zwischen ihnen bestandenen Zusammenhanges ausführen.

Dispersionsmethode zur Herstellung kolloider Lösungen. Man sucht hierbei die zu dispergierenden Stoffe in einem bestimmten Medium (dem Dispersionsmittel) fein zu verteilen. Am bekanntesten ist die von Bredig zuerst zu diesem Zwecke verwendete elektrische Zerstäubung von Metallen unter einer Flüssigkeit, mit Hilfe des elektrischen Flammenbogens zwischen Elektroden dieses Metalles. Mit dieser Methode sind eine Reihe von kolloiden Metallösungen in Wasser hergestellt worden.

Dispersionsmittel oder **Dispergens.** Nach Wo. Ostwald bei heterogenen Systemen* die Gesamtheit der in sich zusammenhängenden Phase, die meist im Überschuß vorhanden ist und in der die Teilchen der zweiten Phase (der dispersen Phase) verteilt sind. Es kann z. B. als das Lösungsmittel einer kolloiden Lösung angesehen werden.

Dispersitätsgrad. Ein von Wo. Ostwald gewählter Ausdruck für die spezifische Oberfläche* eines Stoffes. Der Dispersitätsgrag wird als Einteilungsprinzip der dispersen Systeme* verwendet.

Dispersoide. Eine von P. P. v. Weimarn für mikroheterogene Systeme* verwendete Bezeichnung. Systeme, deren Phasen, wie dies bei **Kolloiden*** der Fall ist, eine besonders große spezifische Oberfläche* besitzen, und innerhalb des Systems so gleichmäßig verteilt sind, daß dieses grober Betrachtung ganz gleichmäßig (homogen) erscheint. Im Gegensatz zu den mikroheterogenen sind makroheterogene Systeme schon auf den ersten Blick als Gemische verschiedenartiger Stoffe zu erkennen.

Dispersoide, komplexe. Heterogene Systeme* bei denen das Dispersionsmittel* oder die disperse Phase* oder auch alle beide von einem Dispersoid (von einem Kolloid) und nicht von einem homogenen Stoff gebildet werden. Derartige k. D. sind **konzentrationsvariabel*** und **temperaturvariabel***.

Dispersoide, konzentrationsvariable. Dispersoide, deren Dispersitätsgrad* mit steigender Konzentration abnimmt.

Dispersoide, temperaturvariable. Dispersoide, deren Dispersitätsgrad* mit Erniedrigung der Temperatur abnimmt.

Dispersoidologie. Ein von P. P. v. Weimarn für die Wissenschaft der Kolloidchemie* und Capillarchemie* vorgeschlagener Namen. Die Dispersoidologie ist nach ihm die Lehre von den Eigenschaften der Oberfläche und den sich an ihr abspielenden Vorgängen.

Dispersum siehe bei **Disperse Phase.**

Dissoziation (Dissociatio = Zerstreuung). Nach St. Cl. Deville der mehr oder weniger vollständige Zerfall eines Moleküls in seine atomaren Bestandteile.

Dissoziation, elektrolytische. Die Aufspaltung von Molekülen* in elektrisch geladene Atome oder Atomgruppen, die sogenannten Ionen. Sie kann in Lösungen und in Gasen beobachtet werden. Die Theorie der el. D. gelöster Stoffe ist zuerst von Planck und besonders auch von Sv. Arrhenius (1887) aufgestellt nnd begründet worden.

Dissoziation, hydrolytische siehe bei Hydrolyse.

Dissoziation, stufenweise. Siehe bei Stufendissoziation.

Dissoziationsgrad. Die Zahl, die angibt, ein wie großer Teil der Moleküle einer Lösung elektrolytisch dissoziiert* ist. Er wird meistens mit α bezeichnet. Siehe auch bei Aktivitätskoeffizient.

Dissoziationskoeffizient siehe bei Aktivitätskoeffizient.

Dissoziationskonstante. Die Gleichgewichtskonstante K der mathematischen Formel des Ostwaldschen Verdünnungsgesetzes. Sie wird auch als Affinitätskonstante bezeichnet und nach der Formel

$$K = \frac{\alpha^2}{v(1-\alpha)}$$

berechnet. Hierbei ist α der **Dissoziationsgrad*** eines binären Elektrolyten* von dem 1 Mol* in v Litern Lösungsmitteln gelöst ist. $(1-\alpha)$ ist die Menge der nicht in Ionen zerfallenen, also undissoziiert gebliebenen Moleküle bei der betreffenden Verdünnung. Somit stellt die Dissoziationskonstante das Verhältnis der Zahl der in Ionen zerfallenen zu den nicht dissoziierten Molekülen eines Stoffes in einer Lösung bestimmter Konzentration dar.

Dissoziationsrest. Das Verhältnis des undissoziierten (nicht in Ionen* zerfallenen) Anteiles eines Elektrolyten* in seiner Lösung zu dessen Gesamtmenge in ihr.

Dissoziationsspannung. Jener äußere Druck, bei dem sich ein Dissoziationsvorgang bei einer bestimmten Temperatur im Zustande des Gleichgewichtes* befindet.

Dissoziationswärme. Die Wärmemenge, die bei dem Vorgang der Dissoziation frei oder gebunden wird.

Dissoziationskoeffizient siehe bei Aktivitätskoeffizient.

Distanzenergie (distare = entfernt sein). Jene Energie, die zwischen zwei räumlich getrennten Objekten wirksam ist. Es gibt zwei Arten der Distanzenergie. Die eine hat einen um so höheren Wert, je weiter die Körper voneinander entfernt sind (dies ist z. B. bei der Gravitation der Fall), die andere, je näher die Körper einander sind (z. B. ist dies bei der Einwirkung zweier elektrisch geladener Körper aufeinander der Fall).

Divariantes System (dis = zweifach, variabilis = veränderlich). Ein System mit zwei Freiheiten.

Doppelbrechung, optische. Die Eigenschaft gewisser Körper (z. B. gewisser Kristalle), einen durch sie hindurchgehenden Lichtstrahl in zwei voneinander getrennte zu spalten. Diese Eigenschaft zeigen z. B. anisotrope* Kristalle, aber auch sonst isotrope Körper unter besonderen Bedingungen. (Siehe elektr. Doppelbrechung; magnetische D.)

Doppelbrechung, elektrische. Nach J. Kerr die Tatsache, daß isotrope Körper in einem elektrischen Felde doppelbrechend werden und sich dann optisch wie einachsige Kristalle verhalten, deren Achse in der Richtung der elektrischen Kraftlinien liegt.

Doppelbrechung, magnetische. Nach Cotton und Mouton werden manche Körper in einem starken magnetischen Felde doppelbrechend. Sie erlangen diese Eigenschaft aber nur bezüglich solcher Lichtstrahlen, die senkrecht zur Richtung der magnetischen Kraftlinien durch sie hindurchgehen.

Doppelsalz. Ein durch das Zusammenkrystallisieren von Salzen in einem bestimmten, molekularen Verhältnis entstandenes Stoffgemenge. Siehe auch bei **Kristallwasser***. In seinen Lösungen gibt ein Doppelsalz die Reaktionen, die die einzelnen Ionen der zusammenkristallisierten Salze geben würden. Im Gegensatze hierzu steht das Verhalten der sogenannten komplexen Salze. Hierüber siehe Näheres bei **komplexe Verbindungen***. Ein Beispiel solcher Doppelsalze sind die Alaune.

Drapers Gesetz. Es besagt, daß alle festen und flüssigen Körper mit zunehmendem Wärmegrade ein an Strahlen kürzerer Wellenlänge immer reicher werdendes Licht entsenden. Bei etwa $525°$ werden sie dunkelrotglühend, dann mit steigender Wärmezunahme hellrot-, schließlich weißglühend.

Drehvermögen, magnetisches. Die zuerst von Faraday beobachtete Eigenschaft gewisser Stoffe, wenn sie sich in einem magnetischen Felde von entsprechender Stärke befinden, die Ebene des in der Richtung der magnetischen Kraftlinien durch sie hindurchgehenden **polarisierten Lichtes*** zu drehen. Die Intensität des magnetischen Drehvermögens wächst mit der Dicke der durchstrahlten Schicht und der Intensität des magnetischen Feldes.

Drehvermögen, molares. Nach Wi. Ostwald der Winkel, um welchen ein Mol (soviel Gramm als das Molekulargewicht des Stoffes anzeigt) des untersuchten Stoffes, das sich in einer Röhre von 1 cm^2 Querschnitt befindet, die Schwingungsebene des polarisierten Lichtes von bestimmter Wellenlänge dreht. Als Lichtart wird meist Natriumlicht verwendet.

Drehvermögen, optisches. Das Vermögen eines Stoffes, die Schwingungsebene eines ihn durchdringenden Strahles von polari-

Drehung, molekulare — Dulongs und Petits Gesetz.

siertem Lichte* zu drehen. Es gibt Stoffe, wie z. B. Quarz, Natriumchlorat, die nur in Kristallform optisches Drehvermögen besitzen, aber nicht in ihren Lösungen. Andere Stoffe behalten ihr Drehungsvermögen auch in gelöstem Zustande (z. B. organische Verbindungen, die ein **asymmetrisches Kohlenstoffatom*** enthalten).

Drehung, molekulare. Das Produkt aus spezifischer Drehung (s. d.) $\propto$ $1/100$ des Molekulargewichtes der untersuchten Substanz.

Drehung, spezifische. Die Drehung, die ein Strahl polarisierten Lichtes* erfährt, wenn er durch eine 10 cm tiefe Schicht hindurchgeht, die 1 cm^3 Lösung oder Flüssigkeit enthält, in der sich 1 g des zu prüfenden Stoffes befindet. Die Temperatur, bei der die Beobachtung ausgeführt wurde, sowie die Wellenlänge des zur Prüfung verwendeten Lichtes müssen hierbei beachtet werden, da beide das Resultat beeinflussen.

Dreifacher Punkt. Jener Wert von Druck und Temperatur, bei dem alle drei Aggregatzustände eines Stoffes nebeneinander im Gleichgewichte bestehen können.

Druck. Der Intensitätsfaktor der **Volumenergie***. Er ist die Kraft pro Flächeneinheit. Gemessen wird der Druck mit der Einheit der **Atmosphäre***.

Druck, kritischer. Die **Dampfspannung*** einer Flüssigkeit oder der Druck eines Gases bei der kritischen **Temperatur***.

Druck, osmotischer ($\omega\sigma\mu o\varsigma$ = Stoß). Der mit Hilfe eines Manometers meßbare Überdruck, gegen den reines Lösungsmittel eben nicht mehr in die durch eine **semipermeable Membran*** von ihm getrennte Lösung eindringen kann. Der so gefundene Wert entspricht dem osmotischen Drucke der Lösung. Der osmotische Druck einer Lösung ist gleich dem Drucke den die gleiche Menge der gelösten Substanz bei derselben Temperatur und dem gleichen Volumen in gasförmigem Zustande auf die Wände des es einschließenden Raumes ausüben würde (van't Hoff). Der osmotische Druck ist proportional der molekularen Menge des gelösten Stoffes und unabhängig von seiner chemischen Zusammensetzung. Äquimolekulare Lösungen, d. h. Lösungen, die das gleiche Vielfache oder den gleichen Teil des Molekulargewichtes verschiedener Stoffe gelöst enthalten, haben den gleichen osmotischen Druck. In dieser Tatsache liegt ein Mittel, das Molekulargewicht eines Stoffes zu bestimmen.

Druck, reduzierter. Das Verhältnis eines bestimmten Gasdruckes zum Druck desselben Gases bei seiner **kritischen Temperatur***.

Druckeinheit, absolute. Der Druck, der, über einem cm^3 wirkend, ein **Erg*** Arbeit leistet. Der Druck einer Atmosphäre beträgt 1,013130 absolute Druckeinheiten.

Druckkoeffizient der Gase. Er ist gleich ihrem **Ausdehnungskoeffizienten**.

Dulongs und Petits Gesetz siehe bei Atomwärme.

Dynamische Oberflächenspannung siehe bei Oberflächenspannung.

Dyne (δυναμικος = wirksam). Einheit der Kraft. Jene Kraft, die der Masse von 1 g in 1 Sekunde die Beschleunigung 1 erteilt. Unter mittleren Breitegraden beträgt sie $\frac{1}{980,6}$ g.

Dystektisches Gemisch (τεκταινομαι = verfertige). Nach Nernst ein schwer schmelzbares Gemisch zweier Substanzen, das einen konstanten Erstarrungspunkt hat. Man kann es durch Änderung der Mengenverhältnisse der einzelnen Bestandteile eines eutektischen Gemisches erhalten.

Ebullioskopie (ebullio = siede). Bestimmung des Siedepunktes einer Flüssigkeit. Mit ihrer Hilfe kann man das Molekulargewicht eines in ihr gelösten Stoffes bestimmen (siehe bei Siedepunktserhöhung), welches Verfahren man die ebullioskopische Methode der Molekulargewichtsbestimmung nennt.

Eigenschaften, additive (addere = hinzugeben). Nach Wi. Ostwald solche Eigenschaften eines physikalischen Gemisches, die man wenigstens annähernd richtig durch Addition der betreffenden Eigenschaften der einzelnen Bestandteile des Gemisches errechnen kann. Bei einheitlichen Stoffen sind darunter Eigenschaften zu verstehen, deren numerischer Wert nur von der Art und der Anzahl, aber nicht von der räumlichen Anordnung der das Molekül dieses Stoffes zusammensetzenden Atome abhängt. Eine additive Eigenschaft ist z. B. das **Molekulargewicht***.

Eigenschaften, kolligative (colligere = verknüpfen). Nach Wi. Ostwald Eigenschaften, die nicht von Art und Verkettungsweise der Atome im Molekül abhängen, sondern nur von der vorhandenen Anzahl der Moleküle eines Stoffes, z. B. das Volumen eines Gases bei bestimmtem Druck und bestimmter Temperatur.

Eigenschaften, konstitutive (constituere = zusammensetzen). Nach Wi. Ostwald Eigenschaften eines Stoffes, die im Gegensatz zu den additiven (s. d.) nicht oder nicht nur von der Zahl und Art, sondern von der Anordnung der Atome im Molekül eines Stoffes abhängen, wie z. B. das optische **Drehungsvermögen*** oder das **Absorptionsspektrum***.

Eigenschaften, polare. Solche Eigenschaften, die mit zwei entgegengesetzten Werten auftreten, wie z. B. die elektrische Ladung.

Einheiten, absolute. Die Einheiten der Masse (Gramm), Länge (Zentimeter) und Zeit (Sekunde) bezeichnet man als absolute Einheiten des Maßsystems.

Einsteinsche Formel betreffend die Bewegung kleinster Teilchen in einer Flüssigkeit. Sie lautet

$$A = \sqrt{t} \cdot \sqrt{\frac{RT}{N} \cdot \frac{1}{3\pi\eta r}}.$$

Es bedeutet A den vom Teilchen zurückgelegten Weg, t die Zeit, in der der Weg zurückgelegt wurde, R die **Gaskonstante***, T die **absolute Temperetur***, N die wirkliche Anzahl der Moleküle im **Gramm-Molekel*** (die sogenannte Avogadrosche Konstante), η die **Viskosität*** und r den Radius der Teilchen.

Elastizität (ἐλαυνω = stoße). (Nach Wi. Ostwald Formenergie.) Die Fähigkeit eines Körpers, einer ihn zu deformieren strebenden Kraft Widerstand entgegenzusetzen und nach Aufhören der Einwirkung derselben seine frühere Form wieder anzunehmen.

Elastizitätsmodul (modulus = Maß). Die Zahl von Kilogrammen, die bei Zug an einem Stabe von 1 mm² Querschnitt seine Länge verdoppeln würde.

Elektrocapillarität. Nach H. Freundlich die Beeinflussung der **Grenzflächenspannung*** durch elektrische Ströme.

Elektrische Doppelbrechung siehe bei Doppelbrechung.

Elektrochemie (ἤλεκτρον = Bernstein). Die Lehre von den Beziehungen zwischen elektrischer und chemischer Energie.

Elektrochemisches Äquivalent. Es wird auch als Faradaysches Äquivalent oder als F bezeichnet. Es ist jene Elektrizitätsmenge (96,54 × 10³ **Coulomb***), die ein **Grammäquivalent*** eines Stoffes elektrolytisch zur Abscheidung zu bringen vermag.

Elektroden. Die Pole einer galvanischen **Kette***. Jene Stellen eines stromdurchflossenen Systems, durch die der elektrische Strom ein- und austritt.

Elektroden erster Art. Elektroden von Metall, die in Lösungen von Salzen des betreffenden Metalles eintauchen.

Elektroden, polarisierbare. Elektroden, die infolge chemischer Umsetzungen an ihrer Oberfläche beim Stromdurchgange eine in der Gegenrichtung des Stromes wirksame elektromotorische Spannung (oder Polarisation) entstehen lassen.

Elektroden, umkehrbare. Elektroden, bei denen chemische Vorgänge, die sich während des Stromschlusses an ihnen abspielen, umkehrbar sind, d. h. wieder rückgängig gemacht werden können.

Elektroden, unpolarisierbare. Elektroden, die beim Stromdurchgang keine in der Gegenrichtung des Stromes wirkende Spannung oder Polarisation entstehen lassen.

Elektroden zweiter Art. Metallelektroden, die in eine gesättigte Lösung eines schwerlöslichen Salzes tauchen, dessen Löslichkeit durch die Konzentration eines anderen in der gleichen Lösung vorhandenen Salzes mit dem gleichen **Anion*** bestimmt ist.

Elektroendosmose. Die Verschiebung einer Flüssigkeit gegen eine feste Grenzfläche, z. B. die Wand einer Capillare, sobald diese in ein elektrisches Potentialgefälle gebracht wird.

Elektrokinetische Vorgänge ($\varkappa\iota\nu\eta\sigma\iota\varsigma$ = Bewegung). Die Vorgänge der Elektroendosmose*, der Kataphorese*, der Strömungsströme* und der Erschütterungsströme*.

Elektrokratisch. Als elektrokratisch bezeichnet H. Freundlich Sole*, die durch Zusatz von Elektrolyten* in geringen Mengen koaguliert werden (z. B. As_2S_3) im Gegensatz zu den nicht elektrokratischen, die gegen Elektrolytzusatz sehr beständig sind, wie z. B. Gelatine.

Elektroluminiscenz siehe bei Luminiscenz.

Elektrolyse. Eine bei Durchleitung eines elektrischen Stromes durch ein System an diesem erzeugte chemische Veränderung derart, daß sogenannte Elektrolyte* oder Leiter zweiter Ordnung durch den elektrischen Strom zerlegt werden. Von den so entstehenden Spaltstücken werden die elektrisch positiv geladenen zur Kathode*, die elektrisch negativen zur Anode* transportiert und dort abgelagert. Siehe bei **elektrolytische Dissoziation***.

Elektrolytdiffusion. Die Diffusion* freier Ionen* beim Angrenzen einer Elektrolytlösung an das reine Lösungsmittel in dieses. Nach Nernst ist die verschiedene Wanderungsgeschwindigkeit des Anions und des Kations hierbei eine Bedingung für das Auftreten einer elektromotorischen Kraft an der Grenzfläche der beiden Flüssigkeiten bei der Elektrolytdiffussion.

Elektrolyte. Von Faraday werden sie auch als Leiter zweiter Klasse bezeichnet, im Gegensatz zu den Metallen, die Leiter erster Klasse sind. Es sind Stoffe, die in gelöstem Zustande den elektrischen Strom leiten, indem sie selbst zersetzt werden und in elektrisch geladene Atome oder Atomgruppen (die sogenannten Ionen) zerfallen, die in einem elektrischen Felde je nach ihrer Ladung zur positiven oder zur negativen Elektrode wandern. Die Elektrizitätsleitungsfähigkeit der Elektrolyte wird durch den reziproken Wert des spezifischen Widerstandes der betreffenden Lösung ausgedrückt, d. i. jenes Widerstandes, den eine Säule von 1 cm² Querschnitt und 1 cm Länge der betreffenden Lösung dem Durchtritt eines elektrischen Stromes bietet. Dieser reziproke spezifische Widerstand ist das sogenannte spezifische Leitungsvermögen eines Elektrolyten. Je nach der Größe ihres **Dissoziationsgrades*** unterscheidet man schwache und starke Elektrolyte.

Elektrolyte, Aktivitätskoeffizient der. Siehe bei Aktivitätskoeffizient.

Elektrolyte, amphotere. Siehe bei Ampholyte.

Elektrolyte, binäre. Elektrolyte, deren jedes Molekül bei der elektrolytischen Dissoziation in 2 Ionen zerfällt.

Elektrolyte, ternäre. Stoffe, deren jedes Molekül bei der elektrolytischen Dissoziation in 3 Ionen zerfällt.
Elektrolytische Dissoziation siehe bei Dissoziation.
Elektrolytischer Lösungsdrucks siehe bei Lösungsdruck.
Elektrolytische Stufendissoziation siehe bei Stufendissoziation.
Elektrolytschwelle. Nach H. Bechhold die geringste Menge eines Elektrolyten*, deren Zusatz zu einem bestimmten Kolloid* eben genügt, um es auszuflocken.
Elektromotorische Kraft (E. K.). Nach Le Blanc die Fähigkeit einer Elektrizitätsquelle (allgemein eines Systems), elektrische Spannungen zu erzeugen. Sie wird durch die Spannung zwischen den Enden der Elektrizitätsquelle gemessen.
Elektromotorische, diphasische Kräfte nach Cremer. Siehe bei diphasisch.
Elektronen. Hypotetische, einwertig elektrisch geladene, nicht weiter teilbare elektrische Elementarteilchen. Ihre Existenz wurde zuerst von Helmholtz theoretisch erschlossen. Der Name Elektron stammt von Stoney. Die von Nernst seit langem vermutete Existenz positiv geladener Elektronen, außer den negativ geladenen ist von neuerer Forschung erwiesen, und das positive Elektron als identisch mit dem positiven Kern des Wasserstoffatomes erkannt worden (siehe auch bei Atom). Die Masse des positiven Elektrons ist um vieles größer als die des negativen. Das Wasserstoffatom stellt man sich neuerdings vor als aus einem positiven Elektron bestehend, das von einem negativen umkreist wird.
Elektrophorese ($\varphi \varepsilon \varrho \omega$ = trage). Die Erscheinungen der **Kataphorese*** und der **Elektroendosmose***, d. h. die Tatsache, daß bestimmte (elektrisch geladene) Stoffteilchen innerhalb eines elektrischen Feldes zu einem der Pole wandern.
Elektrosom ($\sigma \omega \mu \alpha$ = Leib). Nach Wo. Ostwald jeder bewegliche materielle Elektrizitätsträger, siehe auch bei Ion.
Elektrostriktion (stringere = zusammenpressen). Die allgemeine Tatsache, das **Dielektrika*** unter Einwirkung elektrischer Kräfte Gestalt- und Volumveränderungen erfahren. Im besonderen die Verringerung des Volumens, die ein Lösungsmittel durch Auflösung eines **Elektrolyten*** in ihm erfährt. Nach Drude und Nernst ist hierbei die Volumverminderung des Lösungsmittels durch die Wirkung des elektrostatischen Feldes der Ionen des gelösten Elektrolyten bedingt. Unter ihrem Einfluß verhält sich das Lösungsmittel so, als ob es unter einem höheren äußeren Drucke stände, als dies in der Tat der Fall ist. Nernst sieht hierin eine Möglichkeit der Deutung des **Binnendruckes*** von Lösungen.
Elektrovalenz eines Atoms (valere = gelten). Seine Fähigkeit, sich mit einer bestimmten Anzahl von **Elektronen*** zu verbinden. Diese Verbindung von Atom und Elektron nennt man Ion.

Element, chemisches oder **Grundstoff.** Mit den uns derzeit zur Verfügung stehenden Mitteln des Laboratoriums von uns nicht weiter in Stoffe einheitlicheren Molekülbaues zerlegbare Stoffe. Im Gegensatz zu den Elementen (wie Stickstoff, Gold usw.) stellen die Moleküle aller anderen, als Nicht-Elemente erkannter Stoffe Verbindungen von Atomen wenigstens zweier verschiedener Elemente dar.

Element, galvanisches (Galvani ital. Naturforscher 1737—1798). Ein chemisches System, in welchem, mit chemischen Umsetzungen verbundene Änderungen der Energie sich in elektromotorischen Wirkungen äußern. Systeme der Art, bei denen, wie z. B. beim Danielelement

$$Cu/CuSO_4\text{-Lösung}/ZnSO_4\text{-Lösung}/Zn.$$

die qualitative Zusammensetzung der Bestandteile des Elementes sich bei Stromdurchgang nicht ändert, nennt man reversible Elemente.

Element, isotopes ($\iota\sigma o\varsigma$ = gleich, $\tau o\pi o\varsigma$ = Stelle). Nach Soddy solche Elemente, die bei der spontanen Umwandlung radioaktiver Stoffe entstehen und wohl analytisch-chemisch identisch sind, jedoch von einander verschiedene Atomgewichte und verschiedene radioaktive Eigenschaften haben. Ihre Atome dürften gleiche Kernladungen (siehe bei Atom) haben, aber verschiedene Kernmasse. Nernst schlägt vor, von mehreren isotopen oder Isotopengemischen eines Elementes das eine mit dem Namen des Elementes zu belegen, die anderen als seine Subelemente zu bezeichnen. So z. B. das Blei als Element und das als radioinaktives Endprodukt beim Zerfall der radioaktiven Uran- und Thoriumreihe entstehende Uranblei und Thoriumblei als die Subelemente.

Element, typisches. Nach Mendelejew in jeder Reihe des von ihm aufgestellten Systems der Elemente, das Element mit dem niedrigsten Verbindungsgewicht.

Elementarmolekel. Moleküle die nur aus gleichartigen Atomen bestehen. Die Moleküle der chemischen Grundstoffe (z. B. O_2) sind derartige Elementarmolekeln im Gegensatz zu den zusammengesetzten oder Verbindungsmolekeln, der chemischen Verbindungen, die aus Atomen verschiedener Grundstoffe bestehen (z. B. H_2SO_4).

Emanation (emanare = ausströmen). Jener Stoff, in den Radium und Thorium sich spontan beständig umwandeln, der selbst wieder nur eine begrenzte Lebensdauer hat, da auch er einer spontanen Umwandlung unterliegt.

Emissionsspektrum (emittere = aussenden, spectrum = das Gesehene, Bild). Das Bild des in seine verschiedenwelligen Strahlenarten aufgelösten Lichtes, das ein leuchtender Körper aussendet.

Emulsion (emulgeo = melken). Eine Aufschwemmung feinster Tröpfchen eines Stoffes in einer anderen Flüssigkeit. Anders definiert: Eine **Dispersion*** deren **Dispersionsmittel*** und deren **disperse Phase*** sich in flüssigem Aggregatzustande befinden.

Emulsionskolloid — Entropie.

Emulsionskolloid siehe bei Emulsoid.
Enantiomorphie ($εναντιος$ = gegenüber, $μόρφη$ = Gestalt). Das Vorkommen von Kristallen in der Form von Gegenstand und seinem Spiegelbild, derart, daß die beiden Kristallformen in keiner Weise völlig zur Deckung gebracht werden können. Kristalle dieser Art besitzen keine Symmetrieebene. Man nennt sie nach Marbach auch „in sich gewendete Kristalle. Man findet öfters, daß isomere Verbindungen* enantiomorph kristallisieren.
Enantiotrope Stoffe ($εναντιος$ = gegenüber, $τρέπω$ = ich wende). Polymorphe* Stoffe, bei denen die **Umwandlungstemperatur*** ihrer verschiedenen vorkommenden Formen niedriger ist als deren Schmelztemperatur und bei denen deshalb eine Umwandlung einer festen Formart in die andere möglich ist. (Das ist z. B. beim Schwefel der Fall.) Siehe auch bei monotrope Stoffe.
Endosmose ($εν$ = hinein, $δσμος$ = Antrieb). Ein Eindringen von reinem Lösungsmittel durch eine trennende Membran hindurch in eine jenseits der Membran sich befindende Lösung.
Endotherme Reaktion, siehe bei Reaktion.
Energetik ($ενέργεια$ = Wirksamkeit). Die Lehre vom Umsatz der Energie*.
Energetik, Hauptsätze der —. Siehe bei Hauptsatz der Thermodynamik.
Energie. ($ενέργεια$ = Wirksamkeit) ist nach Wi. Ostwald Arbeit und alles was aus Arbeit erhalten und in Arbeit wieder verwandelt werden kann.
Energie, aktuelle siehe bei kinetische Energie.
Energie, freie siehe bei kinetische Energie.
Energie, gebundene siehe bei potentielle Energie.
Energie, innere. Nach Wi. Ostwald jener Betrag von Energie, den ein Körper besitzt, der sich in Ruhe befindet, unelektrisch und von gleichem Druck und gleicher Temperatur wie seine Umgebung ist.
Energie, kinetische. Auch aktuelle oder freie Energie genannt. Sie ist jene Energie, die eben Arbeit leistet.
Energie, potentielle oder **gebundene.** Energie, die wohl unter Umständen Arbeit zu leisten vermag, aber gegenwärtig nicht leistet.
Entglasung. Die spontane **Kristallisation*** einer **amorphen*** Substanz.
Entquellung. Die Abgabe von Flüssigkeit aus gequollenen Stoffen.
Entropie ($εντρεπω$ = wende nach einwärts). In jedem gegen Zufuhr und Abgabe von Energie gegen die Außenwelt abgeschlossenen System findet eine mehr oder weniger allmähliche Abnahme der **freien*** und Zunahme der **potentiellen Energie*** statt. Diese Tatsache läßt sich auch aus dem zweiten Hauptsatze der Thermodynamik ab-

leiten. (S. d.) Clausius hat nun die Funktion S in der Formel $S = \dfrac{U-A}{T}$, wobei U die Gesamtenergie eines Systems, A seine kinetische Energie* und T die absolute Temperatur* ist, als Entropie bezeichnet. Die Entropie ist auch in der Weise definiert worden, daß man unter ihr jenen Teil der Energie eines Systems versteht, der nicht in mechanische Arbeit verwandelt werden kann.

Entropiesatz. Er besagt, daß in einem gegen die Außenwelt vollkommen abgeschlossenen System die **Entropie*** nur zunehmen kann.

Erg (ἔργον = Werk). Die Einheit der Energie. Sie ist gleich der Bewegungsenergie einer Masse von 2 kg bei einer Geschwindigkeit von 1 cm in der Sekunde. Siehe auch bei Joule.

Ersatzgewicht siehe bei Äquivalentgewicht.

Erschütterungsströme. Eine elektromotorische Kraft, die durch die Bewegung fester Partikelchen in einer Flüssigkeit hervorgerufen wird.

Erstarrungsverzug. Das Verharren einer Substanz in flüssigem Zustande, obwohl sie unter ihren Erstarrungspunkt abgekühlt wurde.

Erstarrungswärme. Die beim Erstarren einer Flüssigkeit freiwerdende Wärme.

Eutektisches Gemisch (εὖ = gut, τεκτείνομαι = stelle her). Ein Gemisch verschiedener Stoffe, in bestimmtem Mengenverhältnis der einzelnen hergestellt, so daß das Gemisch einen sehr niedrigen (konstanten) Schmelzpunkt besitzt. Dieselben Stoffe können, in anderen Mengenverhältnissen gemischt, einen sehr hohen Schmelzpunkt haben. Man spricht dann von dystektischen Gemischen.

Eutektischer Punkt. Der eutektische Punkt kennzeichnet jene Temperatur, bei der zwei ineinander lösliche Stoffe in Form der flüssigen Lösung und der beiden festen Stoffe nebeneinander im **Gleichgewicht*** bestehen können. Es ist die Temperatur des Schmelzpunktes eines **eutektischen Gemisches***. Sie liegt stets tiefer als die des Schmelzpunktes eines jeden einzelnen der Stoffe, aus denen die Lösung zusammengesetzt ist.

Exosmose. Austritt von Stoffen aus einem, von einer Membran umschlossenen Raum in die ihn umgebende Flüssigkeit.

Exotherme Reaktionen siehe bei Reaktion.

Extinktionskoeffizient (Extinguere = auslöschen). Eine für jeden Stoff charakteristische Maßzahl der durch ihn bewirkten **Lichtabsorption***.

F. siehe bei elektrochemisches Äquivalent.

Fällung, rhythmische von Kolloiden. Siehe bei **Liesegang**'sche Ringe.

Fällungsoptimum bei Kolloiden (optimus = der beste). Jene Konzentration eines das **Kolloid*** (z. B. Eiweiß) zum Ausfallen aus seiner kolloiden Lösung bringende Reagens (z. B. eines Neutralsalzes), die die intensivste Wirkung hervorruft. Vielfach ist es so, daß nicht nur niedrigere Konzentrationen als das Fällungsoptimum, sondern auch höhere eine weniger stark fällende Wirkung haben als dieses.

Fällungsregel der Kolloide. Sie besagt, daß **Kolloide***, die durch Ionen ausgefällt werden können von diesen proportional der **Wertigkeit*** der Ionen gefällt werden, d. h. um so stärker, je mehr elektrische Ladungseinheiten ein **Ion*** trägt (Schulze und Hardy). Somit also schwächer vom einwertigen Na-Ion als vom zweiwertigen CaIon und von diesem schwächer als vom dreiwertigen Al-Ion.

Fällungsreihe der Ionen siehe bei Hofmeister'sche Reihe.

Fällungszone. Man bezeichnet so jene Konzentrationen eines Salzes z. B., die ein **Kolloid*** aus seiner Lösung zu fällen vermögen. Also nicht nur das Fällungsoptimum (siehe d.), sondern auch jene Konzentrationen die überhaupt eine merkliche Kolloidfällung bedingen, wenn diese auch geringer ist als bei Anwendung des Fällungsoptimums. Salzkonzentrationen, die oberhalb oder unterhalb des Bereiches der Fällungszone liegen, fällen das Kolloid überhaupt nicht. Doch kann ein Salz auch mehrere Fällungszonen seiner Konzentration haben, die durch nichtfällende Konzentrationen von einander getrennt sind. Mit Neißer und Friedemann bezeichnet man dieses Verhalten auch als **unregelmäßige Reihe**.

Faktor, van 't Hoff'scher siehe bei isotonischer Koeffizient.

Farad (engl. Physiker Faraday 1791—1867). 1 Farad, auch als Φ bezeichnet, ist die Kapazität eines Leiters der mit der Elektrizitätsmenge 1 **Coulomb*** zum **Potential*** 1 **Volt*** gebracht wird. 1 Farad ist gleich 1 Million Mikrofarad.

Faraday'sches Äquivalent siehe Äquivalent, elektrochemisches.

Faraday'sches Gesetz. Es besagt, daß beim Durchgang der gleichen Strommenge durch verschiedene galvanische **Ketten*** chemisch äquivalente Mengen Substanz an den Elektroden abgeschieden werden.

Faraday'sche Konstante. Die von einem Gramm Wasserstoff in **Ionen*-Form** bei der **Elektrolyse*** übertragene Elektrizitätsmenge. Sie beträgt, wenn m die Masse eines Wasserstoffiones und e die in absoluten elektrostatischen Einheiten gemessene Ladung darstellt:

$$\frac{e}{m} = 9660 \cdot 3 \cdot 10^{10} = 2,9 \cdot 10^{14}.$$

Farbe — Dispersitätsgrad — Regel. Sie bestimmt nach Wo. Ostwald die Abhängigkeit der Farbe einer **kolloiden*** Metallösung von deren **Dispersitätsgrad***, indem die Regel zum Ausdruck bringt, daß sich das Lichtabsorptionsmaximum dieser Lösungen mit abnehmendem Dispersitätsgrade, nach der Seite der größeren Wellenlänge verschiebt. Die höchst dispersen kolloiden Metalle, also jene, die in kleinsten Partikelchen [in ihrem Lösungsmittel verteilt sind, sind z. B. meist gelb, oder orange gefärbt. Das Absorptionsmaximum liegt bei ihnen im Violett oder Blau. Werden die Partikelchen gröber, dann geht die Farbe der Lösung von Gelb in Orange, Rot, Violett, Blau eventuell Grün über. So ist z. B. hochkolloidale Goldlösung rubinrot (z. B. das Goldrubinglas, das seine Farbe dem darin feinst verteilten kolloiden Golde verdankt). Eine ebenfalls noch kolloide Goldlösung, deren Teilchen aber gröber sind als die der roten ist dunkelblau.

Farbenzerstreuung siehe bei Dispersion, optische.
Feste Lösung siehe bei Lösung und bei Legierung.
Flotte. Als Flotte wird bei Färbeprozessen die Farbstofflösung bezeichnet.
Flüssige Kristalle siehe bei Kristall.
Flüssigkeit, intermicellare siehe bei Micelle.
Flüssigkeit, optisch leere. Völlig reine Flüssigkeiten, die auch nicht die geringsten Staubteilchen enthalten, so daß beim Durchgang eines Lichtstrahls durch die Flüssigkeit in dieser kein Aufleuchten (wie etwa das der Sonnenstäubchen) wahrgenommen wird.
Flüssigkeitsabscheidung, synäretische siehe bei Synäresis.
Flüssigkeitsketten. Es sind galvanische Elemente* die nur aus Leitern zweiter Ordnung (das sind **elektrolytisch*** leitende Stoffe) unter Vermeidung von Leitern erster Ordnung (Metalle, Kohle) bestehen. Nach M. Cremer unterscheidet man monophasische Fl. d. h. solche, bei denen überall dasselbe Lösungsmittel verwendet ist von diphasischen, bei denen zwei miteinander nicht, oder nur begrenzt mischbare Lösungsmittel verwendet werden. Bei Verwendung von mehr als zwei miteinander nicht unbegrenzt mischbaren Lösungsmitteln spricht Cremer von polyphasischen Ketten.
Fluorescenz. (Fluor = ein Mineral an dem diese Eigenschaft entdeckt wurde.) Das Selbstleuchtendwerden bestimmter Stoffe unter der Einwirkung sie treffender Lichtstrahlen. Die Erscheinung der Fluorescenz dauert nur solange an, als die Belichtung einwirkt, überdauert diese also, im Gegensatz zur **Phosphorescenz*** nicht.
Fluorophore ($\varphi\varepsilon\varrho\omega$ = bringe). Atomgruppen, an deren Anwesenheit in einem Molekül die Eigenschaft der **Fluorescenz*** eines Stoffes gebunden ist. Solche Gruppen sind z. B. der Pyronring, der Oxazynring und der isocyklische Benzolring.
Flusin'sche Regel. Sie besagt, daß osmotische Strömungen durch eine Membran hindurch von der Seite der Lösung mit stärkerer zu der Seite mit schwächerer Imbibitionskraft für die Membran erfolgt, d. h. von der Seite der Lösung, die die Membran besser zum Quellen

bringt, nach der anderen Seite. Durch dieses Phänomen erklären sich die Fälle von sogenannter negativer Osmose (s. d.).

Formenergie siehe bei Elastizität.

Freiheiten. Die Zahl der veränderlichen physikalischen Faktoren (z. B. Druck, Temperatur) eines Phasensystems, deren willkürliche Veränderung mit dem Weiterbestand eines **Gleichgewichtes*** der vorhandenen **Phasen*** vereinbar ist.

Friktionsphänomen der Leitfähigkeit (frictio = Reibung, φαινομενον = Erscheinung). Die von Sv. Arrhenius zuerst beobachtete Tatsache, daß die elektrische Leitfähigkeit einer **Elektrolyt***lösung durch Zusatz eines Nichtelektrolyten (z. B. von Traubenzucker) abnimmt. Es scheinen die Moleküle des Nichtelektrolyten hierbei ein mechanisches Hindernis für die Wanderung der Ionen im elektrischen Felde zu sein.

Gallerte. Prinzipiell von konzentrierten **hydrophilkolloiden Lösungen*** nicht unterscheidbare **heterogene Systeme***, die sich durch sehr hohe innere Reibung auszeichnen. Nach Zsigmondy ist ihre Struktur körnig-flüssig, nach Bütschli wabig. Siehe auch bei Gel.

Gallertfiltration siehe bei Ultrafiltration.

Galvanisches Element siehe bei Element.

Gasdichte. Die Dichten zweier Gase verhalten sich zueinander wie ihre Molekulargewichte. Durch Messung der letzteren hat man ein Mittel in der Hand, die Gasdichte zu bestimmen, die das spezifische Gewicht des Gases darstellt.

Gaselektroden sind **Elektroden*** aus platiniertem Platinblech. An dieses ist durch **Adsorption*** eine bestimmte Menge eines Gases, z. B. Wasserstoffgas, gebunden. Dieses am Platin haftende Gas bildet als **Ionen*** liefernder Stoff die Elektrode einer **Gaskette***. Die meist verwendeten Elektroden dieser Art, sind die Wasserstoffelektroden. Sie sind, wie Le Blanc gezeigt, hat umkehrbare **Elektroden***.

Gasionen*. Ionen* von Stoffen in gasförmigem Zustande. Auf ihre Anwesenheit wird die unter gewissen Bedingungen zu beobachtende elektrische Leitfähigkeit von Gasen zurückgeführt.

Gasketten. Gasketten sind Konzentrationsketten (s. d.), bei denen die **Elektroden*** dauernd mit einem Gase überzogen sind (s. b. Gaselektroden). Solche Gaselektroden verhalten sich ganz wie metallische Elektroden, indem z. B. Wasserstoffelektroden Wasserstoffionen in die Lösung, in welche sie eintauchen, abgeben. Siehe auch bei Neutralisationsketten.

Gaskonstante. Eine mit R bezeichnete konstante Größe, die mit Hilfe der Formel $\frac{pv}{T} = R$ berechnet wird. Hierbei ist p der Druck und v das Volumen eines untersuchten Gases und T die absolute Temperatur* bei der die Messung ausgeführt wird. Wird der Druck in Atmosphären, das Volumen in Litern ausgedrückt, so beträgt der numerische Wert der Gaskonstante = 0,08207.

Gastheorie, kinetische ($\varkappa\iota\nu\varepsilon\omega$ = bewege). Sie besagt, daß jedes Gas aus sehr lebhaft bewegten einzelnen Molekülen besteht, deren mittlere Entfernung voneinander etwa das Zehnfache ihres Durchmessers beträgt. Bei ihren gegenseitigen Zusammenstößen (jedes Molekül führt etwa 5000 Millionen Stöße in der Sekunde aus) gehorchen sie den Gesetzen des elastischen Stoßes.

Gay-Lussacsches Gesetz (Gay-Lussac frz. Physiker 1778—1850). Der Druck, den ein Gas auf die es umschließenden Wände ausübt, steigt bei konstantem Volumen und das Volumen bei konstantem Druck bei Erhöhung der Temperatur um 1° C um $1/273$ seines bei 0° berechneten Wertes. In seiner Anwendung auf verdünnte Lösungen lautet das Gesetz: Bei gleichbleibender Konzentration eines gelösten Stoffes in einem Lösungsmittel wächst der **osmotische Druck*** der Lösung bei Erhöhung der Temperatur um 1° C um $1/273$ seines bei 0° gemessenen Wertes.

Gefrierpunkt. Jene Temperatur, bei der eine Substanz vom flüssigen in den festen Aggregatzustand übergeht. Das ist auch jene Temperatur, bei der feste und flüssige Phase eines Stoffes (z. B. Wasser und Eis) dauernd nebeneinander bestehen können.

Gefrierpunkt, molekularer eines Stoffes. Jene Temperatur, bei der eine Lösung gefriert, die in 1000 cm³ Lösungsmittel ein **Grammmolekel*** Substanz gelöst enthält.

Gefrierpunktserniedrigung oder Gefrierpunktsdepression. Sie wird auch mit $\varDelta$ bezeichnet und ist jene Zahl, die angibt, um wieviel Grade niedriger die Temperatur ist, bei der eine Lösung, als die, bei der das reine Lösungsmittel gefriert. Bei dem gleichen Lösungsmittel (z. B. Wasser) ist die Gefrierpunktserniedrigung der molaren Konzentration des gelösten Stoffes proportional. Da sich die Gefrierpunktserniedrigung von Lösungen, die bestimmte Mengen eines Stoffes gelöst enthalten, experimentell ermitteln lassen, so kann die Feststellung der Gefrierpunktserniedrigung als Mittel zur Feststellung des Molekulargewichtes einer Substanz verwendet werden.

Gefrierpunktserniedrigung, molekulare. Die Erniedrigung des Gefrierpunktes* einer Flüssigkeit, die durch Auflösung von einem Mol (= soviel Gramm als das Molekulargewicht anzeigt) eines Stoffes in einem Liter des Lösungsmittels verursacht wird. Sie hängt vom Lösungsmittel ab und ist bei gleichem Lösungsmittel für die verschiedenen gelösten Stoffe gleich. Für Wasser beträgt sie z. B. 1,86° C.

Gekoppelte Reaktionen siehe bei Reaktion.

Gel (gelo = gefriere). Ein heterogenes System*, das aus einem Sol* entsteht, wenn dessen Dispersitätsgrad* sich soweit verringert, daß die Teilchengröße der dispersen Phase* 0,1 μ übersteigt. Nach H. Freundlich ist ein Gel ein System mit einem amorphen* festen Dispersionsmittel* und einer flüssigen dispersen Phase. Je nachdem, ob ein Gel leicht wieder in den Zustand des Soles überführt werden kann oder nicht, unterscheidet man nach Zsigmondy die resolublen (wieder löslichen) von den irresolublen (nicht wieder löslichen) Gelen.

Gemenge. Körper, deren einzelne Teile durch ihre spezifischen (physikalischen oder physikalischen und chemischen) Eigenschaften voneinander unterschieden sind. Siehe bei heterogene Systeme.

Gemisch, dystektisches siehe bei dystektisch.

Gemisch, eutektisches siehe bei eutektisch.

Gemisch, racemisches siehe bei racemisch.

Gerinnung siehe bei Koagulation.

Gesättigte Lösung siehe bei Lösung.

Gesättigte Oberfläche siehe bei Oberfläche.

Geschwindigkeitskoeffizient einer chemischen Umsetzung. Die Ablaufsgeschwindigkeit einer chemischen Reaktion unter der Voraussetzung, daß die Konzentration der reagierenden Stoffe ständig gleich 1 bleibt.

Geschwindigkeitskonstante einer chemischen Umsetzung siehe bei Geschwindigkeitskoeffizient.

Gesetz siehe bei Absorption / Adsorption / Beständigkeit der Materie / Boyle-Mariotte / Coulomb / Draper / Dulong und Petit / Faraday / Gay-Lussac / Gleichgewicht / Guldberg und Waage / Henry / Kohlrausch / Kristallisationsprozesse / Kopp / Massenwirkung / Ostwald / periodisches Gesetz der Elemente / Phasen / Phasengleichgewicht / Proportionen, konstante und multiple / Raoult / Strahlung / Temperatur / Thermoneutralität / van't Hoff / Wärmesummen konstante / Wenzel / Zwischenstufen. Siehe auch bei Regel.

Gewicht, spezifisches siehe bei Dichte.

Gibbssche Phasenregel (Gibbs, amer. Physiker 1839—1903). Sie lautet in einer von Nernst gegebenen Fassung: Es bedarf mindestens des Zusammenbringens von n verschiedenen Molekülgattungen, um alle Formen eines aus $n+1$ verschiedenen Phasen* bestehenden vollständigen heterogenen Gleichgewichtes* aufbauen zu können. Eine Formel, die diese Regel ausdrückt, lautet

$$P + F = B + 2,$$

d. h. die Anzahl der vorhandenen Phasen (P) eines Systems + der Anzahl der Freiheiten* (F) desselben ist gleich der Anzahl seiner Bestandteile (B) + 2. Hierbei ist unter B die geringste Zahl der Molekülgattungen verstanden, aus denen man alle Phasen des Systems aufbauen kann.

Gibbs-Thomsonsches Theorem (Gibbs, amer. Physiker 1839—1903, Thomson, engl. Physiker 1824—1907). Es besagt bezüglich einer Lösung, daß Stoffe, die die Oberflächenspannung* des Lösungsmittels gegen die es begrenzende Phase* erniedrigen, in der Oberfläche dieser Lösung in höherer Konzentration enthalten sind, als in ihrem Innern (positive Adsorption). Stoffe, die die Oberflächenspannung des Lösungsmittels gegen die angrenzende Phase aber erhöhen, sind an der Oberfläche des Lösungsmittels in geringerer Konzentration vorhanden als in seinem Innern (negative Adsorption). Allgemein besagt das G.-Th.-Theorem, daß sich in einem heterogenen System* jene Phase an der Oberfläche des Systems ansammelt, die die niedrigste Oberflächenspannung gegen das das System begrenzende Medium, z. B. Luft, hat.

Gleichgewicht. Ein mit der Zeit nicht veränderlicher, also von der Zeit unabhängiger Zustand (Wi. Ostwald). Nach Nernst ist ein System bei gleichbleibend erhaltener Temperatur im Gleichgewicht, wenn die freie Energie im Minimum ist.

Gleichgewicht, chemisches. Jener Zustand eines Systems, bei dem die absolute Menge der vorhandenen chemischen Verbindungen sich in beliebig langer Zeit freiwillig nicht ändert.

Gleichgewicht erster Ordnung siehe bei Gl. physikalisches.

Gleichgewicht, Gesetz des beweglichen. Van't Hoffs Gesetz des beweglichen Gleichgewichtes besagt, daß steigende Temperatur die Lage eines chemischen Gleichgewichtes nach der Seite des exothermen* Vorganges verschiebt, fallende nach der des endothermen*-

Gleichgewicht, physikalisches. Der Gleichgewichtszustand zwischen den verschiedenen Aggregatzuständen eines einheitlichen Stoffes. Es wird auch als Gleichgewicht erster Ordnung bezeichnet.

Gleichgewicht, scheinbares. Bei ihm ist der Zustand der beteiligten Stoffe nur deshalb mit der Zeit unveränderlich, weil die Reaktionsgeschwindigkeit der sich an ihnen freiwillig abspielenden chemischen Umsetzungen sehr gering ist. Ein solches scheinbares Gleichgewicht stellt sich, im Gegensatz zum wirklichen Gl.*, wenn es gestört wird, nicht spontan wieder her.

Gleichgewicht, univariantes siehe bei Gl. vollständiges.

Gleichgewicht, unvollständiges. Im Gegensatze zum vollständigen ein Gleichgewicht zwischen mehreren Phasen*, das dadurch gekennzeichnet ist, daß bei geringen Änderungen der Temperatur, aber gleichbleibendem Druck, oder bei geringen Druckänderungen bei unveränderter Temperatur, sich nur das Mengenverhältnis der einzelnen Phasen verschiebt, während bei einem vollständigen Gleichgewicht unter denselben Verhältnissen ein oder mehrere Phasen gänzlich verschwinden würden.

Gleichgewicht, vollständiges oder univariantes (unus = einer, variabilis = veränderlich). Ein Gleichgewicht zwischen mehreren Phasen*, das dadurch gekennzeichnet ist, daß es für jede Temperatur nur einen Druck und für jeden Druck nur eine Temperatur gibt, bei dem sich alle Phasen des Systems im Gleichgewicht miteinander befinden. Bei Änderungen eines dieser beiden Faktoren und Konstanz des anderen, verschwinden eine oder mehrere Phasen des Systems völlig. Als Beispiel eines vollständigen Gleichgewichtes führt Nernst z. B. das Gleichgewicht zwischen $CaCO_3 \rightleftarrows CaO + CO_2$ an, das bei einer bestimmten Temperatur nur bei einem Drucke beständig ist. Wird der Druck erniedrigt, so läuft die Reaktion ganz nach der rechten Seite der Gleichung hin ab, wird er erhöht, in umgekehrter Richtung. Der Druck, bei dem bei einer bestimmten Temperatur Gleichgewicht des ganzen Systems besteht, ist seine **Dissoziationsspannung**.

Gleichgewicht, wirkliches. Im Gegensatze zum scheinbaren ein solches Gl. zwischen den Phasen eines Systems, bei dem jede Veränderung der bestehenden Verhältnisse einen Vorgang in dem System auslöst, der die ursprünglichen Verhältnisse wieder herzustellen geeignet ist.

Gleichgewichtskonstante. Die Konstante k in der mathematischen Formulierung des **Massenwirkungsgesetzes***.

Gleichgewichtsreaktion = umkehrbare Reaktion (s. d.).

Gleichung von Stokes siehe bei Stokes.

Glockenapparat von H. Bechold. Ein Apparat zur Ausführung elektrischer Überführungsversuche.

Goldzahl. Nach Zsigmondy die Zahl Milligramme eines Kolloides*, die eben nicht mehr ausreicht, um 10 cm³ einer 0,0053 bis 0,0058 %igen kolloiden Goldlösung gegen die ausflockende Wirkung eines cm³ einer 10 %igen NCl-Lösung zu schützen. Siehe auch bei Schutzkolloide.

Gramm (gramma = das Schriftzeichen). Die Masse von 1 cm³ Wasser bei $+4°$ C.

Grammatom. Soviel Gramm eines chemischen **Grundstoffes*** als sein **Atomgewicht*** anzeigt.

Grammäquivalent. Soviel Gramm eines Stoffes, als sein Äquivalentgewicht anzeigt.

Grammkalorie. Die Wärmemenge, die nötig ist, um die Temperatur eines Grammes Wasser von 15 auf 16° C zu erhöhen. Sie wird auch als kleine Kalorie oder als »cal·« bezeichnet.

Grammolekül. Soviel Gramm einer Substanz, als ihr Molekulargewicht anzeigt. Diese Menge wird nach Wi. Ostwald als ein **Mol** der betreffenden Substanz bezeichnet.

Grenzflächen. Die Flächen, die die Grenze zweier einander berührender verschiedener **Phasen***, z. B. Wasser und Öl oder Wasser und Eis, bilden. An den Grenzflächen erleiden die physikalischen (z. B. bei Wasser und Eis) und mitunter auch die chemischen Eigenschaften

(z. B. bei Wasser und Öl) eines Systems eine sprunghafte (nicht allmähliche) Änderung.

Grenzflächenmembran = Grenzflächenschicht (s. d.).

Grenzflächenschicht. Die unmittelbar an der **Grenzfläche*** gelegene Schicht von Molekülen eines Stoffes. Sie wird auch Grenzmembran oder Grenzflächenmembran genannt und ist der Sitz besonderer Kräfte. (Siehe z. B. bei Oberflächenspannung.)

Grenzflächenspannung siehe bei Oberflächenspannung.

Grenzkonzentration, plasmolytische. Die an einer lebenden Zelle eben Plasmolyse (Abheben des Protoplasmas von der Zellwand) bewirkende Konzentration einer osmotisch wirksamen Lösung, in der sich die betreffenden Zellen befinden.

Grenzpolarisation. Ein an der Grenze zweier **Phasen*** beim Durchleiten eines elektrischen Stromes durch dieselben sich geltend machender Widerstand, der durch die Entstehung elektrischer Ströme in der Gegenrichtung (Polarisationsströme) bedingt ist.

Grenzpotential. Eine an der Grenze zweier **Phasen*** auftretende elektrische Potentialdifferenz.

Grenzwinkel der totalen Reflexion. Jener, für jede Substanz kennzeichnende Einfallswinkel eines Lichtstrahles, zu dem in dieser Substanz ein **Brechungswinkel*** von 90° gehört. Jeder Lichtstrahl, der mit einem größeren Einfallswinkel, als es der Grenzwinkel ist, auf das betreffende Medium auftrifft, wird von deren Oberfläche völlig zurückgeworfen (total reflektiert). Umgekehrt ist der Grenzwinkel der totalen Reflexion auch jener Winkel, unter dem ein Lichtstrahl in einer Substanz von einer ihrer ebenen Grenzflächen reflektiert wird, wenn er parallel zu dieser Grenzfläche in die Substanz eindringt. Praktisch wird die Bestimmung des Gr. d. t. R. sehr viel zur Bestimmung des optischen Brechungsvermögens einer Substanz verwendet.

Grobdisperse Systeme siehe bei System.

[H·] siehe bei Wasserstoffzahl.

Hämatokrit ($\alpha\tilde{\iota}\mu\alpha$ = Blut, $\varkappa\varrho\iota\tau\eta\varsigma$ = Beurteiler). Ein von Hedin erfundener Apparat zur Bestimmung des **osmotischen Druckes***, der in lebenden Zellen, z. B. den roten Blutkörperchen, herrscht. Es wird mit Hilfe des Apparates das Volumen festgestellt und miteinander verglichen, das z. B. rote Blutkörperchen in verschieden konzentrierten Salzlösungen haben. Da die Zellen nun in **hypertonischen*** Lösungen schrumpfen, in **hypotonischen*** quellen, so wird jene Lösung als isotonisch mit ihnen betrachtet, in der ihr Volumen unverändert bleibt.

Haftdruck. Eine Größe, die die Anziehungskraft zwischen dem Lösungsmittel und dem gelösten Stoff einer Lösung mißt. Nach J. Traube wird ihr Wert nicht durch den **osmotischen Druck** sondern durch die **Oberflächenspannung*** der betreffenden Flüssigkeit gemessen. Die Erniedrigung der Oberflächenspannung, die ein Lösungsmittel durch die Auflösung eines Stoffes in demselben erfährt, ist nach Traube dem Haftdruck dieses Stoffes an das betreffende Lösungsmittel umgekehrt proportional.

Halbdurchlässige Membran siehe bei semipermeable M.

Halbkolloide siehe bei Semikolloide.

Halbwertzeit einer radioaktiven Substanz. Siehe bei Halbzeit.

Halbzeit oder Halbwertzeit, auch halbe Lebensdauer einer radioaktiven* Substanz ist die Zeit, innerhalb derer diese Substanz spontan bis auf die Hälfte ihrer ursprünglichen Masse zerfallen ist.

Hauptsatz, erster, der mechanischen Wärmetheorie. Äußere Arbeit und Wärme sind einander äquivalent. Arbeit kann aus Wärme gewonnen und in Wärme verwandelt werden. (J. R. Mayer 1842.) Mit Bezug auf die gesamte Energetik ist der erste Hauptsatz eine Anwendung des Satzes von der Erhaltung der Energie, der besagt, daß die Gesamtsumme der Energie sich nicht verändert, daß Energie irgendwelcher Art demnach weder spurlos verschwinden, noch aus nichts entstehen kann. Anders ausgedrückt besagt der erste Hauptsatz, daß bei einem Kreisprozesse, die vom gesamten System geleistete äußere Arbeit (A) proportional der in der betreffenden Zeit vom ganzen System aufgenommenen Wärmemenge (W) ist.

$$A = JW.$$

J ist in dieser Formel das mechanische Wärmeäquivalent (s. d.), ein von der Natur des untersuchten Systems unabhängiger Proportionalitätsfaktor. Als Kreisprozeß sind hierbei irgendwelche Veränderungen an einem System zu verstehen, bei denen schließlich der ursprüngliche Zustand des Systems wieder erreicht wird.

Hauptsatz, zweiter, der mechanischen Wärmetheorie. Äußere Arbeit läßt sich wohl vollständig in Wärme verwandeln, die Rückverwandlung von Wärme in äußere Arbeit ist jedoch nur bedingt möglich (Carnot 1824 und Clausius 1850), da, wie Clausius es ausdrückt, Wärme nicht von selbst von einem Körper niederer auf einen solchen höherer Temperatur übergehen kann.

Hauptsatz, dritter, der mechanischen Wärmetheorie. Als solcher wird das Nernstsche Wärmetheorem (s. d.) bezeichnet.

Hauptvalenz eines Atoms (valere = gelten). Die Fähigkeit eines Atoms, andere Atome oder solche Atomgruppen, die als selbständige Moleküle nicht bestehen können, an sich zu binden. Sind alle Hauptvalenzen eines Atomes gesättigt, d. h. für die Bindung anderer Atome oder Atomgruppen der genannten Art verwendet, so kann das Atom mit Hilfe von Nebenvalenzen (s. d.) sich noch mit selbständigen Radikalen verketten.

Henrys Absorptionsgesetz siehe bei Absorptionsgesetz.

Heterogene Systeme siehe bei System.

Hittorfs Theorie. (Deutscher Physiker, 1824—1914.) Sie besagt, daß bei der **Elektrolyse*** die verschiedenen Ionen einer Substanz eine verschieden große Wanderungsgeschwindigkeit haben.

Hochdisperse Kolloide. Kolloide* mit sehr hohem Dispersitätsgrad, d. h. mit sehr geringer Teilchengröße der **dispersen Phase***.

Hofmeistersche Ionenreihe. (Deutscher Pharmakologe.) Die nach der Intensität ihres zustandsändernden Einflusses auf **Kolloide*** geordnete Reihe der **Anionen*** und der **Kationen***.

Homogene Flüssigkeiten ($\delta\mu o\varsigma$ = ähnlich). Flüssigkeiten, die völlig gleichartig in ihrer Zusammensetzung sind (also keine Gemenge). Sie haben einen bestimmten Schmelz- und Siedepunkt. Sie können zum Verdampfen und zum Erstarren gebracht werden, ohne daß sich ihre analytisch-chemische Zusammensetzung an irgendeinem Punkte dieser Umwandlung verändert.

Homoiosmotische Tiere ($\delta\mu o\iota o\varsigma$ = gleich, $\omega\sigma\mu o\varsigma$ = Antrieb. Tiere, bei denen der osmotische Druck der Körpersäfte von dem osmotischen Druck der ihren Körper umgebenden Flüssigkeit weitgehend unabhängig ist.

Homoiotonisch ($\delta\mu o\iota o\varsigma$ = ähnlich, $\tau o\nu o\varsigma$ = Spannung). Ein von R. Höber vorgeschlagener Ausdruck für Lösungen verschiedener Stoffe, die den gleichen osmotischen Druck besitzen (isotonische Lösungen).

Hydrat ($\dot{v}\delta\omega\varrho$ = Wasser). Ein **Solvat** (s. d.) mit Wasser als Lösungsmittel. Siehe auch bei Solvat und bei Hydrattheorie.

Hydratation siehe bei Solvat.

Hydratationswärme. Die Wärmemenge, die bei der Auflösung eines Stoffes in Wasser durch **Hydrat***-Bildung frei wird.

Hydrattheorie der Lösungen ($\dot{v}\delta\omega\varrho$ = Wasser). Die Annahme, daß zur echten Lösung eines Stoffes in einem Lösungsmittel nicht bloß die molekulare Verteilung in diesem, d. h. seine Aufspaltung in einzeln im Lösungsmittel verteilte Moleküle nötig ist, sondern außerdem noch eine besondere mechanische Affinität des gelösten Stoffes zum Lösungsmittel, die H. Freundlich als Lyophilie, wenn das Lösungsmittel Wasser ist, als Hydrophilie bezeichnet. Diese Art der Bindung von Wassermolekülen an die Moleküle eines gelösten Stoffes wird als Hydratation bezeichnet. Wird diese Bindung wieder rückgängig gemacht, so spricht man von Dehydratation.

Hydrogel. Ein **Gel***, dessen **Dispersionsmittel*** Wasser ist.

Hydrolyse oder hydrolytische Dissoziation ($\lambda v\omega$ = löse). Der Zerfall eines **Moleküls*** in **Ionen*** unter Beteiligung des das Lösungsmittel bildenden Wassers an der Reaktion. Zum Beispiel der Zerfall eines Salzes in wäßriger Lösung unter Bildung von Säure und Lauge durch Aufnahme des das Wassermolekül bildenden H und OH.

Hydrophilie siehe bei Hydratheorie der Lösungen und bei Lyophilie.

Hydrophile Kolloide. **Lyophile Kolloide***, deren Dispersionsmittel* Wasser ist.

Hydrophile Sole ($\varphi i\lambda o\varsigma$ = Freund). Nach J. Perrin Dispersionen* in Wasser quellbarer Stoffe.

Hydrophobes Kolloid ($\varphi o\beta \epsilon \tilde{\iota} \nu$ = fürchten). Ein **lyophobes Kolloid**, dessen Dispersionsmittel* Wasser ist.

Hydrophobe Sole. Nach H. Freundlich Dispersionen* eines in Wasser nicht quellbaren Stoffes vom Typus eines Soles*.

Hydrosol. Ein Sol*, dessen Dispersionsmittel* Wasser ist.

Hylotrope Stoffe. Nach Wi. Ostwald solche Stoffe, die eine Umwandlung in andere erfahren können, derart, daß die elementare chemische Zusammensetzung des Umwandlungsproduktes mit der des Ausgangsstoffes identisch ist. Die Gesamtheit der in dieser Weise ineinander umwandelbaren Gruppen (z. B. Eis, Wasser, Wasserdampf) nennt Ostwald eine **hylotrope Gruppe**. In dem angeführten Beispiel handelt es sich somit um die hylotrope Gruppe H_2O.

Hyperisotonisch ($\dot{\upsilon}\pi\epsilon\varrho$ = über, $\dot{\iota}\sigma o\varsigma$ = gleich, $\tau o\nu o\varsigma$ = Spannung). Nach H. J. Hamburger ist eine Lösung im Vergleich zu einer andern hyperisotonisch, wenn sie einen höheren **osmotischen Druck*** hat als diese. Meist sagt man kurz die Lösung ist hypertonisch.

Hypertonie siehe bei Hyperisotonische Lösung.

Hyp(o)isotonisch ($\dot{\upsilon}\pi\acute{o}$ = unter). Nach H. J. Hamburger ist eine Lösung im Vergleiche zu einer anderen hypisotonisch, wenn sie einen geringeren **osmotischen Druck*** hat als diese. Meist spricht man einfach von hypotonischer Lösung.

Hypotonie siehe bei Hyp(o)isotonische Lösung.

Hypsochrome Gruppen ($\ddot{\upsilon}\psi o\varsigma$ = Höhe, $\chi\varrho\tilde{\omega}\mu\alpha$ = Farbe). Solche Atomgruppen (z. B. die Nitrogruppe, die Amidogruppe usw.), die in eine chemische Verbindung eingeführt, die dunkeln Streifen des **Absorptionsspektrums*** dieser Verbindung gegen das Violett zu verschieben. Die betreffende Verbindung erhält hierbei einen dunkleren Farbenton, als der des Ausgangsstoffes war.

Hysteresis der Kolloide ($\dot{\upsilon}\sigma\tau\epsilon\varrho o\nu$ = das spätere). Wird auch als **Altern der Kolloide*** bezeichnet. Man versteht darunter mit der Zeit allmählich spontan auftretende Änderungen in den physikochemischen Eigenschaften der Kolloide, die auf spontane **Zustandsänderungen*** der Kolloide zurückzuführen sind. Siehe auch bei Instabilität der Kolloide.

i. Das Zeichen für den isotonischen **Koeffizienten***.
Imbibition (bibo = trinke). Siehe bei Quellung.
Impfen einer übersättigten Lösung. In übersättigten Lösungen, d. h. in solchen, die mehr von einem Stoffe in Lösung enthalten, als das Lösungsmittel bei gleichzeitiger Anwesenheit von etwas ungelöster Substanz dieses Stoffes auflösen könnte, genügt es, ein winziges (mehr als molekular großes) Partikelchen der gelösten Substanz in die Lösung zu bringen, sie zu impfen, um die gelöste Substanz zum Teil (als sogenannten Bodenkörper) zur Ausscheidung zu bringen.
Inaktive Moleküle (in = Verneinung, ago = tue). Nach Sv. Arrhenius jener Teil der **Moleküle*** eines gelösten **Elektrolyten***, der in der Lösung nicht in **Ionen*** zerfällt, deshalb auch an der Leitung eines durch die Lösung geleiteten elektrischen Stromes nicht beteiligt ist.
Indicatoren (indico = sage an). Nach Wi. Ostwald schwache **Säuren*** oder schwache **Basen***, deren undissoziierte **Moleküle***, d. h. die in der Lösung nicht in Ionen zerfallenen Moleküle anders gefärbt sind als ihre **Ionen***. Deshalb haben Indikatoren in saurer Lösung eine andere Farbe als in alkalischer. Das Phenolphtalein ist z. B. ein Indicator. Es ist eine schwache Säure. In einer sauren Lösung, also bei Gegenwart freier Wasserstoffionen ist seine Dissoziation (s. d.) praktisch fast ganz zurückgedrängt, und da das Phenolphtaleinmolekül farblos ist, ist es die betreffende Lösung auch. Ist die Lösung, in der sich das Phenolphtalein aber befindet, alkalisch, so bildet sich ein Salz des Phenolphtaleins, das sehr stark dissoziiert ist und dessen (negatives) Ion der Lösung eine intensiv rote Färbung gibt. Fügt man nun einer sauren Lösung, in der sich etwas Phenolphtalein befindet, allmählich abgemessene Mengen Alkali hinzu, so kann man an dem Farbenumschlag genau erkennen, wann die Lösung eben alkalisch wird und so ihren Säuregehalt durch Feststellung der zur Neutralisierung verwendeten Alkalimenge berechnen.
Indikatorenmethode zur Bestimmung der Wasserstoffionenkonzentration einer Flüssigkeit. Sie beruht darauf, daß die verwendeten **Indikatoren** stets bei einer ganz bestimmten Wasserstoffionenkonzentration (bzw. Hydroxylionenkonzentration) ihre Farbe wechseln. Da diese Konzentration für verschiedene Indikatoren eine verschiedene ist, so kann man durch Zusammenstellung einer Reihe verschiedener, passender Indikatoren ein Mittel zur Prüfung der H-Ionenkonzentration einer Flüssigkeit erhalten (Friedental, Salessky, Fels). Neuestens hat Michaelis nach diesem Prinzip einen sehr handlichen und praktischen Apparat zusammengestellt.
Induktor (inducere = veranlassen). Nach Luther und Schilow jener dritte Stoff, dessen Anwesenheit außer der von **Aktor*** und **Ak-**

zeptor* nötig ist, damit eine **gekoppelte Reaktion*** vor sich geht.

Induzierte Reaktion siehe bei Reaktion.

Inhomogene Systeme siehe bei Systeme, heterogene.

Inkubationszeit einer Kolloidfällung (incubare = darauf liegen). In Anlehnung an den ärztlichen Sprachgebrauch, der als I. die Zeit zwischen Infektion und Ausbruch der Krankheitserscheinungen bezeichnet, jene Zeit, die vom Augenblick des Zusatzes eines Fällungsmittels zu einem **Kolloid*** bis zum Merkbarwerden der Fällung vergeht.

Innere Energie siehe bei Energie, innere.

Innere Reibung siehe bei Reibung, innere.

Inneres Salz siehe bei Zwitterion.

Instabilität von Kolloiden (in = nicht, stare = stehen, Unbeständigkeit). Ein Ausdruck für die Erfahrungstatsache, daß an allen Kolloiden spontan eine Reihe von Veränderungen bezüglich ihrer physikalischen Eigenschaften (Verteilungsgrad, innere Reibung usw.) vor sich gehen.

Interferenz (inter = zwischen, fero = tragen). In der Physik bezeichnet man so die gegenseitige Beeinflussung zweier Wellen (z. B. Lichtwellen, Schallwellen), die aufeinandertreffen. Durch Interferenz von weißem Licht entstehen z. B. Farbenerscheinungen, die sogenannten Interferenzfarben.

Interferometer. Ein Apparat, der mit Hilfe der Interferenzerscheinungen des Lichtes (s. b. Interferenz) den **Brechungsindex*** einer Substanz außerordentlich genau festzustellen gestattet.

Intermicellare Flüssigkeit siehe bei Micelle.

Ion (von $εἶμι$ = gehe, wandre). Ein **Atom*** oder Atomkomplex mit positiver oder negativer elektrischer Ladung, das bzw. der aus einem Molekül durch **Dissoziation*** hervorgehen kann. Den osmotischen **Druck*** einer Lösung beeinflußt ein Ion in gleicher Weise, wie ein undissoziiertes Molekül. Bei Berechnung des osmotischen Druckes muß deshalb der **Dissoziationsgrad*** der gelösten Stoffe immer berücksichtigt werden.

Ionen, aktuelle. Nach Wi. Ostwald die in der Lösung eines **Elektrolyten*** als **Ionen*** tatsächlich vorhandenen Atome oder Atomkomplexe der Moleküle, die elektrolytisch dissoziiert sind. Im Gegensatz dazu sind die von Ostwald so genannten

Ionen, potentielle, in der Lösung eines Elektrolyten nicht frei vorhanden, sondern jene Ionen, die gegebenenfalls aus den noch nicht **dissoziierten*** Molekülen eines gelösten Stoffes entstehen können.

Iondispersoide. Nach The Svedberg heterogene **Systeme***, deren **disperse Phase*** aus Ionen besteht.

Ionenacidität. Nach R. Höber die nur nach der Anzahl der vorhandenen aktuellen H-Ionen einer Lösung bemessene Acidität = aktuelle Reaktion einer Lösung.

Ionenantagonismus siehe bei Ionenwirkung.
Ionenhydrate (ὕδωρ = Wasser). Nach Nernst sind die meisten Ionen in wäßriger Lösung von einer Schicht von Wassermolekülen fest umgeben und wandern bei der Elektrolyse* mit dieser Hüllschicht als Ionenhydrate.
Ionenisomerie (ἴσος = gleich, μερος = Teil). Die Tatsache, daß Ionen bei gleicher analytisch-chemischer Zusammensetzung sich in ihren physikalischen Eigenschaften voneinander unterscheiden. Ionenisomerie wird insbesondere durch Verschiedenheit der elektrischen Ladung eines Ions bedingt.
Ionenreihe, Hofmeistersche siehe bei Hofmeister.
Ionenwertigkeit siehe bei Wertigkeit.
Ionisierungswärme = die Bildungswärme* der Ionen.
Isentropische Vorgänge (ἴσος = gleich). Vorgänge, bei denen sich die Entropie* eines Systems nicht ändert.
Isocapillare Lösungen siehe bei Lösungen.
Isochemite. Das Theorem der Isochemite in der Geologie (von F. Corum) besagt, daß jedes in der Natur krystallinisch vorkommende Mineral auch in einer hochdispersen* (eventuell kolloiden) Form derselben chemischen Zusammensetzung vorkommt.
Isochore (ἴσος = gleich, χῶρος = Raum). Eine Kurve, die graphisch Veränderungen irgendwelcher bestimmter Art an einem System, bei konstant erhaltenem Volumen des beobachteten Systems darstellt. Z. B. eine Kurve, die angibt, wie bei konstantem Volumen sich der Druck eines Gases bei Änderungen der Temperatur ändert.
Isodimorphie (ἴσος = gleich, δυς = zwei, μορφη = Gestalt). Das Vorkommen zweier Substanzen in je zwei kristallisierten Modifikationen, die paarweise **isomorph*** sind.
Isodispersoide oder **Isokolloide** (dispergere = verstreuen). Bezeichnung für Dispersoide*, bei denen Dispersionsmittel* und disperse Phase* die gleiche analytisch-chemische Zusammensetzung, aber verschiedene physikalische Eigenschaften haben (z. B. Wasser und Eis).
Isoelektrisch. Ein heterogenes System* ist isoelektrisch, wenn seine Teile gegeneinander die elektrische Potentialdifferenz* Null haben. In diesem Zustande, dem sogenannten **isoelektrischen Punkt*** des Systems erreicht die Oberflächenspannung* seiner Phasen* ihren höchsten Wert. Hierbei findet besonders leicht eine mechanische Trennung der Phasen voneinander (z. B. bei einem Kolloid Ausflockung) statt. Siehe auch bei Ampholyte.
Isoelektrischer Punkt siehe bei isoelektrisch.
Isohydrische Lösungen. Lösungen verschiedener Säuren, die im Liter die gleiche Anzahl Wasserstoffionen enthalten.
Isokolloide siehe bei Isodispersoide.

Isomerie (ἴσος = gleich, μέρος = Teil). Das Vorkommen der gleichen chemischen Verbindung in allen drei Aggregatzuständen in mehreren voneinander verschiedenen Modifikationen. Isomer sind somit Stoffe mit typisch verschiedenen physikalischen, eventuell auch chemischen Eigenschaften, aber analytisch-chemisch gleicher Zusammensetzung. Man unterscheidet weiteres noch:
Isomerie im engeren Sinne oder **Metamerie**. Das ist das Vorkommen von Stoffen, deren analytisch-chemische Zusammensetzung und deren Molekulargröße gleich ist, die sich jedoch dadurch voneinander unterscheiden, daß die Anordnung der Atome innerhalb des Moleküls bei jedem der verschiedenen Stoffe eine andere ist. Z. B. zeigen Harnstoff $CO(NH_2)_2$ und cyansaures Ammoniak $CNO(NH_4)$ Isomerie im engeren Sinne. Hiervon zu unterscheiden ist die **Isomerie im weiteren Sinne** oder **Polymerie**. So bezeichnet man das Vorkommen von Stoffen gleicher analytisch-chemischer Zusammensetzung, aber verschiedener Molekulargröße, z. B. Acetylen C_2H_2 und Benzol C_6H_6. Eine Isomerie in weiterem Sinne gibt es auch bei chemischen Grundstoffen, z. B. Sauerstoff O_2 und Ozon O_3.

Isomorphie (ἴσος = gleich, μορφή = Gestalt). Die Fähigkeit zweier kristallinischer Stoffe, in Mischungen von beliebigem Mengenverhältnis Mischkristalle zu bilden. Allgemein wird (nach Mitscherlich) so auch die Eigenschaft verschiedener Stoffe in der gleichen Kristallform zu kristallisieren bezeichnet. Auch die Fähigkeit zu gegenseitiger Überwachsung, daß nämlich ein Kristall eines Stoffes in der übersättigten Lösung eines anderen weiter wachsen kann, gehört zum Begriff der zuerst von Mitscherlich entdeckten Isomorphie. Als ein Beispiel sei Kaliumsulfat K_2SO_4 und Natriumsulfat Na_2SO_4 genannt.

Isopneumen (ἴσος = gleich, πνεῦμα = Luft). Nach Wi. Ostwald Kurven, die graphisch den Ablauf von Änderungen eines Systems bei konstant erhaltenem **Gasdruck*** darstellen. Z. B. eine Kurve, die den Ablauf eines Adsorptionsvorganges darstellt, wenn man bei konstant erhaltenem Gasdruck die Abhängigkeit der adsorbierten Gasmenge von der Temperatur beobachten will.

Isopneumatische Adsorptionswärme siehe bei Adsorptionswärme.
Isosmotisch siehe bei isotonisch.
Isosteren (ἴσος = gleich, σερεος = körperlich). Nach Wi. Ostwald Kurven, die graphisch den Ablauf von Adsorptionsvorgängen darstellen, wenn bei Konstanthaltung der adsorbierten Gasmenge die Abhängigkeit des Gasdruckes von der Temperatur verzeichnet wird.
Isosterische Adsorptionswärme siehe bei Adsorptionswärme.
Isotherme (θερμη = Wärme). Allgemein ein mathematischer Ausdruck (meist eine Kurve), der die Gesetzmäßigkeiten des Ablaufes irgend eines Vorganges bei unverändert erhaltenem Wärmegrad darstellt. Z. B. der mathematische Ausdruck, der die gegenseitige Abhängig-

keit von Druck und Volumen eines Gases bei gleichbleibender Temperatur zum Ausdruck bringt. Die Gesamtheit aller diesbezüglicher Isothermen eines Stoffes wird als sein Zustandsdiagramm bezeichnet.

Isotherme Prozesse ($\vartheta\varepsilon\varrho\mu\eta$ = Wärme). Vorgänge, die ohne Änderung des Wärmegrades jenes Systems, an dem sie sich abspielen, verlaufen.

Isotonie ($\tau o\nu o\varsigma$ = Spannung). Nach H. de Vries die Tatsache, daß verschiedene Lösungen den gleichen **osmotischen Druck*** besitzen. Man nennt solche Lösungen isosmotische oder isotonische Lösungen. Isotonische Lösungen verschiedener Stoffe enthalten die gelösten Substanzen in Mengen, die sich zueinander verhalten wie das Molekulargewicht der gelösten Stoffe. Bei Elektrolyten stimmt dies infolge des Zerfalls eines Teils ihrer Moleküle in Ionen nicht völlig. Siehe hierüber bei Isotonischer Koeffizient.

Isotonische Lösung siehe bei Isotonie.

Isotonischer Koeffizient. Nach de Vries jene Zahl, mit welcher das auf Grund des beobachteten osmotischen Druckes einer Lösung berechnete Molekulargewicht des darin gelösten Stoffes zu multiplizieren ist, um den durch sonstige Messungen gefundenen Wert des Molekulargewichtes dieses Stoffes zu erhalten. Diese Zahl wird auch mit i oder als van t'Hoffscher Faktor bezeichnet. Der isotonische Koeffizient stellt einen Ausdruck für das Maß der **elektrolytischen Dissoziation*** der untersuchten Substanz in dem Lösungsmittel dar. Da nämlich die **Ionen***, in die sich die Moleküle bei der Dissoziation spalten, den gleichen Einfluß auf den osmotischen Druck ausüben wie ein Molekül, so muß dieser um so höher werden, je mehr von den in der Lösung enthaltenen Molekülen, ceteris paribus, in Ionen zerfallen sind.

Isotope Elemente siehe bei Element.

Isotropie ($\tau\varrho\varepsilon\pi\omega$ = wende). Eine Substanz ist isotrop, wenn sie sich bezüglich ihrer physikalischen Eigenschaften nach allen räumlichen Richtungen hin gleich verhält, z. B. einen in jeder beliebigen Richtung einfallenden Lichtstrahl in der gleichen Weise bricht.

j. siehe bei Joule.

Joule (Engl. Physiker 1818—1889). Die Einheit der elektrischen Energie. Sie ist gleich 10^7 Erg* und wird mit j bezeichnet.

Joulesche Wärme siehe bei Wärme.

Joulesches Gesetz. Die in einem Stromkreis oder einem Teil dieses Stromkreises in der Zeiteinheit gebildete Wärmemenge ist dem Widerstande und dem Quadrate der Stromstärke proportional.

Kapillar — Klemmenspannung. 51

Kapillar siehe bei Capillar.
Kataballisch siehe bei Balloelektrizität.
Katalysator ($\varkappa\alpha\tau\alpha\lambda\acute{\upsilon}\varepsilon\nu$ = auflösen). Stoffe, die die **Reaktionsgeschwindigkeit*** chemischer Umsetzungen stark beeinflussen, nach Ablauf dieser Reaktion aber an Masse und Zusammensetzung unverändert wiedergefunden werden, also durch die Reaktion weder verbraucht noch dauernd chemisch verändert werden, nennt man mit Berzelius Katalysatoren. Einen chemischen Vorgang, bei dessen Ablauf Katalysatoren beteiligt sind, nennt man Katalyse.
Katalyse siehe bei Katalysator, ferner bei Adsorptionskatalyse, Mediumkatalyse, Übertragungskatalyse.
Kataphorese ($\varkappa\alpha\tau\alpha\varphi\rho\varrho\varepsilon\nu\omega$ = führe hinab). Die Bewegung fein zerteilter fester Stoffe in einer Flüssigkeit zu einem oder dem anderen Pol, wenn in der betreffenden Flüssigkeit ein **elektrisches Potentialgefälle*** erzeugt wird.
Katatonose ($\varkappa\alpha\tau\alpha$ = herab, $\tau o\nu o\varsigma$ = Spannung). Die Herabsetzung des **osmotischen Druckes*** in einer lebenden Zelle als Schutzreaktion, bei Einwirkung **hypotonischer*** Lösungen auf sie.
Kation. Ein **Ion***, das mit positiver Elektrizität geladen ist und deshalb in einem elektrischen Felde zur negativ geladenen Katode wandert. Je nach der Zahl elektrischer Ladungen, deren Träger es ist, unterscheidet man ein-, zwei- usw. wertige Kationen.
Kette. Ein jedes System, in dem chemische Energie in elektrische umgewandelt wird. Siehe auch bei Element, Flüssigkeitskette, Gaskette, Konzentrationskette, Normalkette.
Kette, diphasische, siehe bei Flüssigkeitskette und bei diphasisch.
Kette, konstante. Eine Kette, in der sich während des Stromschlusses unter den gleichen äußeren Bedingungen immer der gleiche chemische Vorgang abspielt.
Kette, monophasische, siehe bei Flüssigkeitskette.
Kette, umkehrbare. Eine Kette, bei welcher der beim Stromschluß in einem Sinne sich abspielende Vorgang mittels eines entgegengesetzt gerichteten elektrischen Stromes wieder völlig rückgängig gemacht werden kann.
Kilogrammkalorie. Das 1000fache einer **Grammkalorie***. Die Wärmemenge, die nötig ist, um ein Liter Wasser von 15° auf 16° C zu erhitzen. Sie wird auch als große Kalorie oder Cal. bezeichnet.
Kilojoule. Ein Maß der elektrischen Energie. Es ist = 10^{10} Erg und wird mit Kj bezeichnet. Siehe auch bei Joule.
Kinetik, chemische ($\varkappa\iota\nu\varepsilon\omega$ = bewege). Die Lehre vom Verlauf chemischer Umsetzungen.
Kinetische Gastheorie siehe bei Gastheorie.
Kj. siehe bei Kilojoule.
Klemmenspannung. So bezeichnet man die an einem elektrischen Element bei geschlossenem Stromkreise zwischen beiden Polen be-

4*

stehende **Potentialdifferenz***. Bei geschlossenem Stromkreis ist sie stets kleiner als die elektromotorische Kraft des Elementes. Nach Le Blanc gilt hier stets die Beziehung:

$$\frac{E}{E_1} = \frac{R_1 + R_2}{R_1}$$

wobei E die elektromotorische Kraft des Elementes ist, E_1 seine Klemmenspannung, R_1 der äußere und R_2 der innere Widerstand des Elementes.

Kaogulation (con = zusammen, ago = tue). Die Zusammenballung, Gerinnung. In der Kolloidchemie bezeichnet man den Übergang eines **irreversiblen Soles*** in den **gallertartigen*** Zustand als Koagulation.

Koeffizient, isotonischer. Ein Ausdruck für das Maß der **Dissoziation** eines **Elektrolyten*** in seiner Lösung. Siehe auch bei isotonisch.

Kohäsionsdruck (con = zusammen, haerere = hafte). Bedeutet soviel wie positive Oberflächenspannung. (S. d.)

Kohlrauschsche Methode zur Messung der elektrischen **Leitfähigkeit*** einer Lösung. Das Prinzip dieser Methode beruht darin, daß der Widerstand, den eine Lösung dem Durchtritt des elektrischen Stromes entgegensetzt, mit Hilfe einer Wheatstoneschen Brücke bei Verwendung von Wechselströmen gemessen wird. Als Nullinstrument (siehe bei **Nullmethoden***) wird statt des Galvanometers ein Telephon benutzt.

Kohlrauschs Gesetz. Die Leitfähigkeit einer verdünnten Lösung eines Neutralsalzes setzt sich additiv aus zwei Werten zusammen, deren einer nur von der Natur des Anions, der andre nur von der Natur des Kations abhängig ist. Nach diesem Gesetz ist die elektrische Leitfähigkeit als eine **additive Eigenschaft*** zu bezeichnen.

Kolligative Eigenschaften siehe bei Eigenschaften.

Kolloide oder kolloiddisperse Systeme ($\varkappa o\lambda\lambda\alpha$ = Leim). Nach Th. Graham (1861) ursprünglich solche Substanzen, die ähnlich wie der Leim nicht krystallisieren, nicht **diffundieren***, und durch tierische Membranen nicht hindurchwandern, also sich nicht **dialysieren*** lassen. Nach den neueren Erkenntnissen über das Wesen der Kolloide nimmt man an, daß unter geeigneten Bedingungen grundsätzlich **alle** Stoffe in kolloidem Zustande dargestellt werden können. Man sieht in den Kolloiden nicht mehr eine bestimmte Gruppe von Stoffen, sondern eine mögliche Formart der Materie, in der grundsätzlich jeder Stoff vorkommen kann. Immer ist ein Kolloid ein **heterogenes System*** mit außerordentlich hohem Dispersitätsgrade. Nach einem Vorschlage Zsigmondys zählt man jene heterogenen Systeme zu den Kolloiden, deren **disperse Phase*** eine Teilchengröße von höchstens $1/10\,000$ mm und mindestens $1/1\,000\,000$ mm Durchmesser hat. Es gibt feste, flüssige und gasförmige Kolloide. Ihre wichtigsten Kennzeichen sind 1. daß sie ein positives **Tyndallphänomen*** aufweisen, 2. daß sie nicht oder doch nur äußerst langsam diffundieren, und daß sie 3. nicht dialysierbar sind. Die meisten kolloidgelösten Stoffe zeigen ihrem Lösungsmittel (dem Dispersionsmittel) gegenüber eine elektrische Ladung.

Kolloide, hydrophile, siehe bei K., lyophile*.

Kolloide, hydrophobe, siehe bei K., lyophobe*.

Kolloide, irreversible, siehe bei K., nicht umkehrbar.

Kolloide, lyophile ($\lambda\nu\omega$ = löse, $\varphi\iota\lambda\varepsilon\omega$ = liebe). Ein Kolloid, dessen **disperse Phase*** mit dem **Dispersionsmittel*** ein Solvat (siehe daselbst) bildet. Ist das Dispersionsmittel Wasser ($\upsilon\delta\omega\varrho$), so spricht man auch von hydrophilen Kolloiden. Ein Beispiel lyophiler Kolloide sind die Emulsoide (s. d.).

Kolloide, lyophobe ($\lambda\upsilon\omega$ = löse, $\varphi o\beta\varepsilon\omega$ = scheue). Kolloide, deren **disperse Phase*** keine große mechanische Affinität zum Lösungsmittel (Dispersionsmittel) besitzt und keine **Solvate*** mit diesem bildet. Die **Suspensionskolloide*** (wie die kolloiden Metalle) sind solche lyophobe Kolloide. Ist das Dispersionsmittel Wasser, so spricht man auch von hydrophoben Kolloiden.

Kolloide, negative. Kolloide, bei denen die Teilchen der **dispersen Phase*** gegenüber dem **Dispersionsmittel*** negative elektrische Ladung haben. Siehe auch bei Azidoid.

Kolloide, nicht umkehrbare oder irreversible. Solche Kolloide, die sich nach ihrer Ausfällung nicht ohne weiteres wieder in den kolloiden Zustand zurückversetzen lassen.

Kolloide, positive. Solche Kolloide, bei denen die Teilchen der **dispersen Phase*** dem **Dispersionsmittel*** gegenüber eine positive elektrische Ladung zeigen. Siehe auch bei Basoid.

Kolloide, reversible (revertere = umkehren), siehe bei Kolloide, umkehrbare.

Kolloide, umkehrbare, oder reversible sind solche, die sich nach ihrer **Ausflockung*** ohne weiteres wieder in den kolloiden Zustand zurückversetzen lassen.

Kolloidchemie. Nach Wi. Ostwald die Lehre vom kolloiden Zustande der Materie.

Kolloiddisperse Systeme siehe bei Kolloide.

Kolloidelektrolyte. Nach W. Biltz Kolloide, die elektrische Ladung führen, oder **Elektrolyte***, deren **Ionen*** sich in kolloidem Zustande befinden.

Kolloidfällung durch Neutralsalze siehe bei Aussalzen.

Kolloidität. Als starke oder schwache Kolloidität wird der hohe oder niedre **Dispersitätsgrad*** eines sich in kolloidem Zustande befindlichen Stoffes beschrieben.

Kompensation, Methode der osmotischen. Siehe bei Kompensationsdialyse.

Kompensationsdialyse (compensare = gegeneinander abwägen). Ein von Michaelis und Rona ausgearbeitetes Verfahren zur Feststellung, ob ein in einer tierischen Flüssigkeit (z. B. Serum) enthaltener Stoff in freier (diffusibler) oder in gebundener (indiffusibler) Form vorhanden ist.

Komplexe Dispersoide siehe bei Dispersoide.

Komplexe Verbindungen siehe bei Verbindungen.

Kondensation (condensare = verdichten). Die Verkleinerung der Gesamtoberfläche einer **dispersen Phase*** durch Verschmelzung ihrer feinsten Teilchen zu gröberen Partikeln. Eine Vorbedingung für dieses Verschmelzen ist eine innige Berührung der einzelnen Teilchen miteinander in der Weise, daß ihre Oberfläche mindestens einen Punkt gemeinsam hat. Siehe auch bei Aggregation.

Kondensationsbewegungen. Jene Bewegungen, die die Teilchen einer **dispersen Phase*** beim Vorgange der Kondensation (s. d.) ausführen und die der Kondensation zeitlich vorangehen.

Kondensationsmethode zur Herstellung kolloider Lösungen. Den in Ionen*-Form in einer Lösung befindlichen Stoffteilchen wird durch geeignete Mittel die elektrische Ladung entzogen, worauf die elektrisch neutralen Atome sich zu Molekülen und diese unter gewissen Bedingungen zu Molekülkomplexen mit einem Durchmesser von $1/10\,000$—$1/1\,000\,000$ mm zusammenlegen und nun die disperse Phase des so entstandenen **Kolloides*** bilden.

Konstante, Avogadrosche siehe bei Avogadro.

Konstante, Faradays siehe bei Faraday.

Konstitutionswasser (constituere = zusammensetzen). Wasser, das als **Kristallwasser*** von einer Substanz so fest gebunden ist, daß es oft erst bei Erwärmen der Substanz auf weit mehr als 100° C von dieser abgegeben wird. Bei grobkristallinischem $Al_2O_3 \cdot 3H_2O$ ist hierzu z. B. eine Temperatur von über 200° C notwendig.

Konstitutive Eigenschaften siehe bei Eigenschaften.

Konvektivstrom (conveho = mitführen). Ein elektrischer Strom, der durch Bewegung des Trägers einer statischen elektrischen Ladung erzeugt wird (Rowland).

Konvergenztemperatur (convergere = sich zusamenneigen). Nach Nernst und Abegg bei Gefrierpunktsbestimmungen jener Wärmegrad, den der Inhalt des in die Kältemischung gestellten Gefriergefäßes bei einer bestimmten Rührgeschwindigkeit annehmen würde, wenn der Inhalt des Gefriergefäßes nicht gefrieren würde.

Konzentration, molekulare, oder molare Konzentration, hat eine Lösung wenn sie im Liter des Lösungsmittels soviel Gramm des gelösten Stoffes enthält, als dessen Molekulargewicht anzeigt.

Konzentration, normale, siehe bei Normallösung.

Konzentration, osmotische. Sie gibt nach H. J. Hamburger den Gehalt einer Lösung an osmotisch wirksamen Teilchen des gelösten Stoffes, also an **Molekülen* + Ionen*** an. Die osmotische Konzentration einer Lösung wird berechnet, indem man die **Gefrierpunktserniedrigung*** der Lösung gegenüber der Gefriertemperatur von reinem destillierten Wasser feststellt und die hierbei gefundene Zahl durch 1,85 dividiert. 1,85 ist nämlich die Gefrierpunktserniedrigung, die destilliertes Wasser durch Auflösung von einem Grammmolekül* irgendeines elektrolytisch nicht **dissoziierten*** Stoffes erfährt.

Konzentrationsketten. Galvanische Elemente (i. e. Ketten), bei denen der stromliefernde Vorgang an dem Element in einer Vermischung verschieden konzentrierter Lösungen des gleichen gelösten Stoffes besteht. Siehe auch bei Ketten.

Konzentrationsvariable Dispersoide siehe bei Dispersoide.

Koordinationszahl, maximale eines Elementes (coordinare = zuordnen). Die Zahl, die angibt, mit wieviel Atomen oder Atomgruppen höchstens ein Atom eines chemischen Grundstoffes unmittelbar verbunden sein kann.

Koppelung von Reaktionen siehe bei Reaktionen, gekoppelte.

Koppsches Gesetz. (Deutscher Chemiker 1817—1892.) Die **Molekularwärme*** einer festen Verbindung ist gleich der Summe der **Atomwärmen*** der in ihr enthaltenen Elemente, somit eine additive Eigenschaft.

Kräfte, diphasische elektromotorische, siehe bei diphasisch.

Kraft, elektromotorische, siehe bei Potential.

Kreisprozeß. Nach Carnot ein Vorgang, bei dem der Endzustand des ganzen Systems, das einen Kreisprozeß durchgemacht hat, mit dem ursprünglichen Ausgangszustande des Systems identisch ist. Beim Ablauf eines Kreisprozesses an einem System ist die vom System während des Kreisprozesses aus der Umgebung aufgenommene und die an sie abgegebene Energiemenge gleich groß.

Kristall ($\kappa\rho\upsilon\sigma\tau\alpha\lambda\lambda o\varsigma$ = Eis). Ein homogener (in seinem chemischen Aufbau an allen Stellen gleichartiger) Körper, dessen physikalische Eigenschaften sich nach von einem seiner Punkte ausgehenden verschiedenen räumlichen Richtungen verschieden verhalten. Bei Kristallen mit Symmetrieeigenschaften können zwei oder mehrere dieser Richtungen gleichwertig sein. Siehe auch bei Kristalle, flüssige, und bei Kristallinität.

Kristalle, enantiomorphe, oder in sich gewendete. Kristalle, die in der Form von Bild und Spiegelbild vorkommen, derart, daß die beiden Kristallformen in keiner Weise völlig zur Deckung gebracht werden können. Solche Kristalle besitzen keine Symmetrieebene. **Isomere*** chemische Verbindungen kristallisieren häufig enantiomorph.

Kristalle, flüssige. Man bezeichnet so die Formart gewisser organischer Verbindungen (Lehmann), die neben ihrer sonstigen kristallinischen Beschaffenheit (siehe bei Kristall) eine sehr geringe innere Reibung aufweisen. In Fällen, bei denen die Formart völlig flüssig ist (es gibt alle Übergangsstufen von ganz festen bis zu ganz flüssigen Kristallen), erweisen sich die Flüssigkeitstropfen nur noch optisch als anisotrop*.

Kristalle, in sich gewendete, siehe bei Kristalle, enantiomorphe.

Kristallinische Massen, individuelle, siehe bei Molekül.

Kristallinität oder Vektorialität. Die Eigenschaft vieler fester Körper und einiger Flüssigkeiten, daß ihre optischen, dielektrischen, elastischen, gestaltlichen usw. Eigenschaften, also alle oder ein Teil der physikalischen Eigenschaften von der Richtung im Raume abhängen, das heißt am gleichen Körper entlang verschiedener Richtungen (Achsen) verschieden sind. Die Vektorialität eines Körpers muß sich aber, wie gesagt, nicht immer auf sämtliche physikalische Eigenschaften erstrecken. Bei manchen **flüssigen Kristallen*** erstreckt sie sich z. B. nur auf die optischen Eigenschaften.

Kristallisationsprozesse, Gesetz der übereinstimmenden Zustände der Kristallisationsprozesse von P. P. v. Weimarn. Es lautet in einer der Fassungen, die ihm v. Weimarn gegeben hat, folgendermaßen: Die mittlere Zahl der individuellen vektorialen Massen (Moleküle), welche die einzelnen Kristalle der festen Phase bilden, ist bei übereinstimmenden Zuständen der Kristallisationsprozesse für alle möglichen Substanzen gleich. Dieses Gesetz besagt, daß es unter geeigneten äußeren Bedingungen gelingen muß, jeden beliebigen Stoff in Kristallen von beliebiger bestimmter Größe herzustellen.

Kristalloide. Nach Th. Graham Stoffe, die sich in Kristallform aus ihren Lösungen abscheiden und im Gegensatz zu den **Kolloiden*** leicht **diffundieren*** und **dialysieren***. In ihren Lösungen stellen die Kristalloide meist **molekulardisperse*** heterogene Systeme (i. e. echte Lösungen) dar.

Kristalloluminescenz siehe bei Luminescenz.

Kristallwasser. Wasser, das mit einem Stoffe in molekularem Verhältnis zusammen kristallisiert. Es ist dies eine Analogie zu dem Vorkommen der sogenannten **Doppelsalze***. Es kommt diese Eigenschaft auch anderen Flüssigkeiten zu. Wie Kristallwasser gibt es auch Kristallalkohol, Kristallbenzol. Entweicht, z. B. durch Erhitzen, das Kristallwasser, so zerfällt (verwittert) der betreffende Kristall.

Kritischer Druck siehe bei Druck.

Kritischer Punkt. Nach Wi. Ostwald jener Punkt, der Temperatur und Druck (in einem Ordinatensystem) bezeichnet, bei denen zwei Phasen eines Stoffgemenges identisch werden.

Kritische Temperatur siehe bei Temperatur.

Kritisches Volumen siehe bei Volumen.

Krümmungsdruck oder Capillardruck. Er entspricht der **Oberflächenspannung*** einer gekrümmten Oberfläche und ist dem Krümmungsradius der gekrümmten Fläche umgekehrt proportional.

Kryohydrat ($\varkappa \varrho \upsilon o \varsigma$ = Kälte). Ein Stoffgemenge, dessen (konstanter) Gefrierpunkt niedriger liegt als der Gefrierpunkt der einzelnen das Gemenge zusammensetzenden Bestandteile. Siehe auch bei eutektisch.

Kryohydratischer Punkt siehe bei eutektischer Punkt.

Kryoskop ($\sigma \varkappa o \pi \varepsilon \omega$ = betrachte). Ein Apparat zur Bestimmung des Gefrierpunktes einer Flüssigkeit.

Kryoskopie. Die Bestimmung des Gefrierpunktes einer Flüssigkeit. Allgemein auch die Lehre von der Abhängigkeit des Gefrierpunktes einer Lösung von der Konzentration der gelösten Stoffe.

Kundtsche Regel. (Deutscher Physiker 1839—1894.) Die **Absorptionsbanden*** eines gelösten Stoffes rücken meist um so weiter nach dem Rot, je größer die lichtbrechende Kraft des Lösungsmittels ist.

Labiler Zustand einer Phase (labor = ich gleite). Unbeständiger Zustand einer Phase. Ihr Zustand, bei einer Temperatur, bei der sie unter den sonstigen vorhandenen Bedingungen (Druck, Volumen) für die Dauer nicht bestehen kann und eine spontane Umwandlung erfährt, wobei sie in einen beständigereren Zustand übergeht. In solchen Zuständen befinden sich z. B. **unterkühlte Flüssigkeiten***, **übersättigte Lösungen*** oder **überhitzte Flüssigkeiten*** usw.

Ladung, spezifische, eines Iones*. Die mit der Masseneinheit eines Iones verbundene elektrische Ladung.

Lebensdauer, halbe, radioaktiver Substanzen. Siehe bei Halbzeit.

Le Chateliers Prinzip siehe bei Prinzip.

Legierung (ligare = binden). Eine Mischung mehrerer Substanzen (Metalle), die bei einer konstanten Temperatur erstarrt und schmilzt. Die Legierungen dürften als feste Lösungen oder als **Kolloide*** anzusehen sein, deren **disperse Phase*** und deren **Dispersionsmittel*** sich in festem Aggregatzustande befinden.

Leiter erster Klasse. So werden in der Elektrizitätslehre die Metalle und die Kohle bezeichnet. Siehe auch bei Leitfähigkeit.

Leiter zweiter Klasse. Bezeichnung für Elektrolyte (s. d.). Siehe bei Leitfähigkeit.

Leitfähigkeit. Allgemein das Vermögen eines Stoffes, den elektrischen Strom zu leiten. Man unterscheidet das metallische Leitvermögen (wie es die Metalle besitzen), bei dem mit dem Stromtransport kein gleichzeitiger, merkbarer Transport von Substanz des Leiters stattfindet und das elektrolytische Leitvermögen, wie es die

Lösungen der Elektrolyte zeigen, bei dem mit dem Stromtransport eine Fortbewegung von Massen und Abscheidung an den Elektroden verbunden ist. (Siehe bei Faradays Gesetz.) Je nach dem eine Substanz die Elektrizität in der ersteren oder in der letzteren Form leitet, unterscheidet man elektrische Leiter erster und zweiter Ordnung. Der Grad des Leitungsvermögens (der Leitfähigkeit) hängt von der Natur des leitenden Körpers und von der Temperatur ab, bei Lösungen auch vom Lösungsmittel. Als Einheit der Leitfähigkeit wird das Leitvermögen eines Körpers angenommen, von dem eine Säule von 1 cm Länge und 1 cm² Querschnitt den Widerstand von 1 Ohm besitzt. Früher war als Einheit die Siemenseinheit* gebräuchlich. Siehe auch bei L., elektrolytische.

Leitfähigkeit, äquivalente. Die spezifische Leitfähigkeit (s. d.) einer Lösung, die ein Grammäquivalent der gelösten Substanz im Liter enthält.

Leitfähigkeit, elektrolytische. Es ist der reziproke Wert des Widerstandes, den ein Elektrolyt* in einer Lösung dem Durchtritt des elektrischen Stromes durch die Lösung entgegensetzt. Hierbei gilt die Formel

$$\text{elektrische Leitfähigkeit} = \frac{\text{Stromstärke}}{\text{Potentialdifferenz}}.$$

Leitfähigkeit, molekulare. Der Quotient aus der spezifischen Leitfähigkeit (s. d.) einer Lösung und ihrer **molaren Konzentration***. Da in einer Lösung nur die in Ionen* zerfallenen Moleküle den elektrischen Strom leiten, so ist die m. L. dem Dissoziations*-Grade proportional.

Leitfähigkeit, spezifische. Die durch Messung bestimmte Leitfähigkeit (s. d.) einer Lösung, wenn die zur Messung benutzten Elektroden 1 cm² im Querschnitt haben und voneinander einen Abstand von 1 cm. Zur Ausführung derartiger Messungen bedient man sich eigener Apparate, der sogenannten Widerstandsgefäße.

Leitfähigkeit, Wertigkeitsregel der, siehe bei Wertigkeitsregel.

Leitungsvermögen siehe Leitfähigkeit.

Leptone ($\lambda\varepsilon\pi\tau o\varsigma$ = fein, zart). Nach Rinne eine Gruppenbezeichnung für die feinsten Bausteine der Materie: Elektronen, Atome, Ionen, Molekel.

Licht, polarisiertes ($\pi\omega\lambda\varepsilon\omega$ = drehe um). Licht, dessen sämtliche Wellen in der gleichen Ebene schwingen.

Lichtabsorption siehe bei Absorption, optische.

Lichtbrechungsvermögen siehe bei Refraktion.

Liesegangsche Ringe. Periodische Fällungserscheinungen in Gallerten in Form konzentrischer Ringe. Sie bilden sich, wenn von zwei miteinander einen Niederschlag bildenden Stoffen (z. B. Kaliumbichromat und Silbernitrat) der eine in einer Gallerte gelöst ist, und ein Tropfen des andern auf die Gallerte gebracht wird. Beim Eindringen der Flüssigkeit in die Gallerte bildet sich der Niederschlag nicht in zusammenhängender Form durch die ganze Gallerte hindurch, sondern in Form der Liesegangschen Ringe.

Lipotrop ($\lambda\iota\pi o\varsigma$ — Fett, $\tau\varrho\varepsilon\pi\omega$ = wende mich). Stoffe, die aus ihrer Lösung in einem andern Stoffe leicht in Fette übergehen, nennt man lipotrop. Der Ausdruck wurde von P. Ehrlich speziell für gewisse Farbstoffe und Alkaloide gebraucht.

Literatmosphäre. Die mechanische Arbeit, die ein Gas bei einer Volumvermehrung um ein Liter unter Überwindung eines Außendruckes von 1 Atmosphäre* zu leisten hat.

Löslichkeit. Die Fähigkeit eines Stoffes sich in einem andern gleichmäßig in feinster Form zu verteilen. Im engeren Sinne die höchste Konzentration, bis zu welcher ein Stoff bei einer bestimmten Temperatur sich in 100 cm^3 einer Flüssigkeit löst, wenn der betreffende Stoff (als Bodenkörper) und das Lösungsmittel in Berührung miteinander bleiben.

Löslichkeit, partielle, eines Elektrolyten. Nach L. Michaelis die Konzentration einer gesättigten Lösung an undissoziierten Molekülen des gelösten Stoffes. Sie ist für eine gegebene Temperatur und ein bestimmtes Lösungsmittel konstant.

Löslichkeit, totale, eines Elektrolyten. Nach L. Michaelis die Konzentration einer gesättigten Lösung an undissoziierten und an dissoziierten* Molekülen einer gelösten Substanz.

Löslichkeitserniedrigung. Nach Nernst ist der Satz von Henry* auch auf zwei Flüssigkeiten anwendbar, die sich miteinander nicht in jedem Verhältnisse mischen. Löst man in einer dieser Flüssigkeiten irgendeinen Stoff auf, so ist die Löslichkeit der einen Flüssigkeit in der anderen nun geringer als vorher. $L_1 < L$. Den Quotienten $\frac{L - L_1}{L_1}$ bezeichnet man mit Nernst als die relative Löslichkeitserniedrigung.

Löslichkeitskoeffizient eines Gases. Das Verhältnis der Konzentration des Gases in einem Gasraum zu dem in einer, an diesen angrenzenden Flüssigkeit. Allgemein bezeichnet man als Löslichkeitskoeffizient auch das Verhältnis der Konzentrationen eines Stoffes in zwei aneinander angrenzenden Phasen bei bestehendem **Gleichgewicht*** der Konzentrationen. Siehe auch bei Verteilungsquotient.

Löslichkeitsprodukt eines Salzes. Das Produkt aus der Menge der in Lösung befindlichen verschiedenen Ionen eines schwerlöslichen Salzes, durch dessen maximale Größe die Grenze seiner Löslichkeit definiert ist.

Lösung. Nach Nernst ein Gemisch, welches eine Komponente im Überschuß zu den übrigen enthält. Erstere nennt man das Lösungsmittel, letztere gelöste Stoffe.

Lösung, äquimolekulare (aequus = gleich). Lösungen verschiedener Stoffe, die von der gelösten Substanz äquimolekulare Mengen enthalten, d. h. das gleiche Vielfache oder den gleichen Teil der durch das Molekulargewicht dieser Substanz bestimmten Zahl in Grammen im Liter Flüssigkeit.

Lösung, ausgezeichnete. Eine Lösung, die bei konstanter Temperatur destilliert.

Lösung, echte oder **molekulardisperse.** Nach Wo. Ostwald ist eine echte Lösung ein **heterogenes System*** bei dem die Teilchen der **dispersen Phase*** eine Größe des Durchmessers von weniger als 0,000001 mm haben. Diese Größe entspricht etwa der Größenordnung einzelner Moleküle. Im Gegensatze zu den kolloiden Lösungen (s. d.) zeigen die echten L. kein **Tyndallphänomen***, sie **diffundieren*** und sind gut **dialysierbar***. Siehe auch bei Hydrattheorie der Lösungen.

Lösung, feste. Lösungen von Gasen, Flüssigkeiten oder festen Körpern in festen Stoffen. (van't Hoff.) Siehe auch bei Legierung.

Lösung, gesättigte. Eine Lösung, die bei der gegebenen Temperatur und dem gegebenen Druck mit der festen Phase des gelösten Stoffes dauernd in einem Zustand von **Gleichgewicht*** zusammen bestehen kann.

Lösung, heterogene, ist gleich Kolloidlösung (s. d.)

Lösung, homogene, ist gleich echte Lösung (s. d.).

Lösung, isocapillare ($\iota\sigma o_\varsigma$ = gleich). Isocapillar sind Lösungen verschiedener Stoffe, die die gleiche **Oberflächenspannung*** gegen ein bestimmtes Medium, z. B. die Luft, besitzen.

Lösung, isohydrische Man bezeichnet als isohydrisch zwei Säurelösungen, die im Liter die gleiche Anzahl Wasserstoffionen enthalten.

Lösungen, isosmotische. Lösungen von gleichem osmotischen Druck (s. d.). Siehe auch bei Isotonie.

Lösungen, isotonische, ist gleich Lösungen, isosmotische (s. d.)

Lösungen, kolloide, siehe bei Kolloid.

Lösungen, molekulardisperse, siehe bei Lösung, echte.

Lösung, überkaltete, siehe bei L., unterkühlte.

Lösung, übersättigte. Eine Lösung ist dann übersättigt, wenn sie mehr von einem Stoffe gelöst enthält, als bei der gegebenen Temperatur ihrem Sättigungszustande entspricht. Dieser ist dann erreicht, wenn Lösung und eine Menge des gelösten Stoffes in ungelöstem Zustande (Bodenkörper) dauernd nebeneinander im **Gleichgewichte*** bestehen können. Wird eine übersättigte Lösung mit einem noch so kleinen Teilchen des gelösten Stoffes in fester Form in Berührung gebracht (geimpft), so scheidet sich sofort ein Teil des bis dahin gelösten Stoffes in Form seines festen Aggregatzustandes aus.

Lösung, ungesättigte. Eine Lösung, die, ohne daß an den äußeren Bedingungen (Temperatur, Druck) etwas geändert wird, noch weitere

Mengen des gelösten Stoffes bei Hinzufügung in Lösung überführen kann.

Lösung, unterkühlte, oder überkaltete. Siehe bei Unterkühlen.

Lösungsdruck, elektrolytischer, von Metallen. Das Bestreben von Metallen als elektrisch positiv geladene Ionen in eine Flüssigkeit, in die sie eintauchen, in Lösung zu gehen.

Lösungsdruck, osmotischer, oder Lösungstension. Ist analog dem Dampfdruck (s. d.). Das Bestreben eines, in ein Lösungsmittel gebrachten Stoffes in dem Lösungsmittel in Lösung zu gehen. Dem Lösungsdruck entgegen wirkt der osmotische Druck* der in der Lösung schon befindlichen Moleküle des gleichen Stoffes.

Lösungsmittel siehe bei Lösung.

Lösungspotential. Die elektrische Potentialdifferenz* die an der Grenze von festen löslichen Elektrolyten und ihrer gesättigten Lösung auftritt (Nernst).

Lösungstemperatur, kritische. Jene Temperatur, bei der zwei bis dahin nebeneinander vorhandene und ineinander begrenzt lösliche Flüssigkeiten in jeder Beziehung identisch werden.

Lösungstension siehe bei Lösungsdruck.

Lösungswärme. Die Wärme, die bei der Auflösung von 1 Mol eines Stoffes in einer Flüssigkeit frei oder gebunden wird. In ersterem Falle spricht man von positiver, in letzterem von negativer Lösungswärme.

Lohschmidt'sche Zahl. $6,2 \times 10^{23}$. Es ist die Anzahl der Moleküle, die ein Grammol* jeder beliebigen Substanz enthält.

Lückenverbindungen von Atomen. Die Verbindung von Atomen* miteinander in der Art, daß sich die beteiligten Atome ohne Aufgabe der gegenseitigen Bindung noch mit weiteren Atomen oder Atomgruppen verbinden können.

Luminescenz (lumen = Licht). Nach E. Wiedemann die Eigenschaft mancher Stoffe, durch äußere Beeinflussung schon bei niederen Temperaturen selbstleuchtend zu werden. Solche Beeinflussungen können beruhen in: Belichtung (Photoluminescenz); elektrischer Ladung (Elektroluminescenz) dies besonders bei Gasen; chemischen Einwirkungen (Chemoluminescenz); Kristallisation (Kristalloluminescenz); oder Erwärmen (Thermoluminescenz).

Lyophiles Kolloid siehe bei Kolloid.

Lyophilie siehe bei Kolloide, lyophile.

Lyophobes Kolloid siehe bei Kolloid.

Lyotrope Einflüsse ($\lambda v\omega$ = löse, $\tau \varrho \varepsilon \pi \omega$ = wende). H. Freundlich bezeichnet als lyotropen Einfluß eines Neutralsalzes auf Lösungen die Beeinflussung gewisser physikalischer Konstanten dieser durch die Einwirkung des Neutralsalzes auf das Lösungsmittel. Je nach der Stärke dieses Einflusses geordnet ergeben die Neutralsalze dann eine lyotrope Reihe.

Magnetische Suszeptibilität (suscipere = aufnehmen) oder magnetische Empfindlichkeit. Bringt man eine bestimmte Substanz in ein magnetisches Feld von der Stärke H so wird in ihr eine Magnetisierung von der Stärke J erzeugt. $\frac{J}{H}$ nennt man die magnetische Empfindlichkeit der Substanz. Ihr Wert, dividiert durch die Dichte des untersuchten Stoffes, ergibt die spezifische Suszeptibilität; multipliziert man die spezifsche S. mit dem Atom- oder dem Molekulargewicht des Stoffes, so erhält man seine Atom-, beziehungsweise Molekularsuszeptibilität.

Magnetismus, spezifischer. Er ist das magnetische Moment (die Stärke der magnetischen Kraft) eines Körpers dividiert durch dessen Dichte.

Makroheterogene Systeme siehe bei System.

Makrohomogene Systeme siehe bei System.

Manokryometer. Ein von Visser zusammengesetzter Apparat zur Untersuchung der Abhängigkeit vom Schmelzpunkt eines Stoffes und äußerem Druck.

Mariotte siehe bei Boyl-Mariotte'sches Gesetz.

Massenwirkungsgesetz, von Guldberg und Waage. Es besagt, daß der Verlauf und das Endergebnis einer chemischen Umsetzung nicht nur von der chemischen Zusammensetzung, sondern auch von der absoluten Menge der reagierenden Substanzen (deren Konzentration) gesetzmäßig abhängig ist. Es ist nämlich die **Reaktionsgeschwindigkeit*** eines chemischen Vorganges in jedem Augenblicke der jeweiligen molekularen Konzentration der reagierenden Stoffe proportional. Das Gesetz wurde zuerst von Berthollet erkannt, aber erst von Guldberg und Waage scharf formuliert (1864).

Materie, Gesetz der Beständigkeit der, siehe bei Beständigkeit.

Maximale Koordinationszahl siehe bei Koordinationszahl.

Maximalspannung eines Dampfes. Siehe bei Dampfdruck.

Maxwell'sche Regel. Zwischen dem **Brechungsindex*** (N) für Licht von unendlich langen Wellen und der **Dielektrizitätskonstante*** (D) eines Stoffes besteht die einfache Beziehung: $N^2 = D$.

Mechanisches Wärmeäquivalent siehe bei Wärmeäquivalent.

Mechanochemie. Nach Wi. Ostwald die Lehre von den Beziehungen der mechanischen Energieformen zur chemischen Energie.

Mediumkatalyse. Die katalytische (siehe bei Katalyse) Beschleunigung der chemischen Umsetzung zweier Stoffe durch das Lösungsmittel (Medium) in dem sie zur Reaktion kommen.

Megabar ($\mu\varepsilon\gamma\alpha\varsigma$ = groß, $\beta\alpha\varrho o\varsigma$ = Schwere). Einheit des Druckes. Sie entspricht dem Druck von einem Megadyn auf 1 cm^2. Das ist 0,987 **Atmosphären***.

Membranen, halbdurchlässige oder semipermeable (membrana = Haut, semi = halb, permeare = hindurchwandern). Eine zwei Lösungen oder eine Lösung und ihr reines Lösungsmittel trennende Membran, die wohl für die Moleküle des Lösungsmittels (z. B. Wasser) durchgängig ist, nicht aber für die der gelösten Stoffe (z. B. des Traubenzuckers). Man kann solche semipermeable Membranen selbst herstellen, z. B. in Form der sogenannten Niederschlagsmembranen (s. d.). Sie sind aber auch im lebenden Organismus sehr verbreitet. Die äußerste Schicht des Protoplasmas aller lebenden Zellen ist z. B. höchstwahrscheinlich als eine semipermeable Membran anzusehen. Doch liegen die Verhältnisse hier nicht so einfach wie bei Niederschlagsmembranen. P. P. v. Weimarn bezeichnet die semipermeablen Membranen auch als Überultrafilter.

Membranhydrolyse. Die Verstärkung der **Hydrolyse*** eines kolloiden Stoffes, der durch eine Membran vom reinen Lösungsmittel getrennt ist, als Folge der Durchlässigkeit der Membran für das nichtkolloide **Ion*** und ihrer Undurchlässigkeit für das kolloide Ion. Siehe auch bei Kolloidelektrolyte.

Membranpotentiale. Elektrische **Potentialdifferenzen***, deren Sitz eine, zwei Lösungen von **Elektrolyten*** trennende Membran ist, wenn z. B. von den Ionen, in die die Moleküle des Elektrolyten der einen Lösung zerfallen, nur die eine Art durch die Membran hindurchtreten kann.

Metamerie siehe bei Isomerie im engeren Sinne.

Metastabiler Zustand einer Phase ($\mu\varepsilon\tau\alpha$ = zwischen, stabilis von stare stehen = beständig). Nach Wi. Ostwald ein Zustand, der dem labilen (s. d.) voran gehen kann. Im metastabilen Zustande ist eine Phase wohl gegenüber Druck- und Volumsänderungen beständig (stabil) solange diese sie nicht in den labilen Zustand überführen, aber sie ist unbeständig gegenüber Berührung mit einer bestimmten anderen Phase.

Methode der schwingenden Strahlen von Rayleigh. Sie dient zur Messung der **Oberflächenspannung*** einer Flüssigkeit und beruht darauf, daß ein aus elliptischer Ausflußöffnung fließender Flüssigkeitsstrahl Schwingungsknoten und Schwingungsbäuche bildet, deren Form durch die Oberflächenspannung der Flüssigkeit wesentlich beeinflußt wird. Diese Methode gestattet die Untersuchung und Messung der dynamischen Oberflächenspannung (s. d.) das heißt, der Oberfächenspannung einer frisch entstandenen Oberfläche.

Methode der Leitfähigkeitsbestimmung von Kohlrausch. Siehe bei Kohlrausch.

Micelle (Diminutiv von mica = Brocken). In der Kolloidchemie wird als Micelle das **disperse*** Teilchen eines Stoffes in **kolloidem*** Zustande mit den an seiner Oberfläche adsorbierten fremdartigen Teilchen verstanden. Dem Dispersionsmittel* der Kolloide entsprechend wird die, die einzelnen Micellen trennende Flüssigkeitsschicht als Intermicellarflüssigkeit bezeichnet.

Mikroheterogene Systeme siehe bei System.
Mikrohomogene Systeme siehe bei System.
Mikronen ($\mu\iota\kappa\rho o\varsigma$ = klein). Mit freiem Auge einzeln nicht mehr wahrnehmbare Stoffpartikelchen, deren Größe einen höheren Wert als etwa $1/10000$ mm im Durchmesser beträgt, weshalb sie im gewöhnlichen Mikroskop wahrnehmbar sind. Siehe auch bei Ultramikroskop.
Mol (moles = Masse). Nach Wi. Ostwald bezeichnet man als ein Mol eines Stoffes so viel Gramm von ihm, als sein Molekulargewicht anzeigt. Diese Menge wird auch **Grammolekül** bezeichnet.
Molar siehe auch bei molekular.
Molares Drehvermögen siehe bei Drehvermögen.
Molare Konzentration siehe bei Konzentration.
Molare Oberflächenenergie siehe bei Oberflächenenergie.
Molare Verdampfungswärme siehe bei Verdampfungswärme.
Molarwärme. Die auf ein Mol* bezogene **Wärmekapazität*** eines Gases bei konstantem Druck. Siehe bei Molekularwärme.
Molarvolumen. Das Volumen (Rauminhalt) von so viel Gramm eines Stoffes, als sein Molekulargewicht anzeigt.
Molekül. Die kleinsten, aber noch endlich großen, für sich existenzfähigen Massenteilchen eines Stoffes, die diesen zusammensetzen und selbst wiederum aus für sich allein nicht existenzfähigen Teilchen (Atomen) zusammengesetzt sind. P. P. v. Weimarn bezeichnet die Moleküle als individuelle krystallinische Massen. Die Moleküle der chemischen Grundstoffe (Elemente) bestehen aus gleichartigen, die der chemischen Verbindungen aus verschiedenartigen Atomen.
Molekül, aktives ($\alpha\gamma o$ = tue). Nach Sv. Arrhenius wird jener Teil der Moleküle eines gelösten **Elektrolyten***, der in **Ionen*** zerfallen ist und aus diesem Grunde den elektrischen Strom zu leiten vermag, als aktive Moleküle bezeichnet; während jener Teil, der nicht **dissoziiert***, sondern als ungeteiltes Molekül in der Lösung ist und an der Leitung eines durch die Lösung geführten elektrischen Stromes sich nicht beteiligt, von ihm als inaktive Moleküle bezeichnet wird.
Molekül, inaktives, siehe bei Molekül, aktives.
Molekularattraktion (ad = zu, an, trahere = ziehen). Die anziehende Kraft, die die einzelnen Moleküle einer Substanz aufeinander ausüben.
Molekularbewegung, Brown'sche, siehe bei Brown.
Molekulardepression oder molekulare Gefrierpunktserniedrigung (deprimere = herabdrücken). Die Erniedrigung des **Gefrierpunktes*** einer Flüssigkeit, die durch Auflösung von **1 Mol*** eines Stoffes in 1000 cm³ der Lösung verursacht wird. Sie hängt von der Natur des Lösungsmittels ab und ist bei Verwendung des gleichen Lösungsmittels für verschiedene gelöste Stoffe gleich. Bei Verwendung von Wasser als Lösungsmittel beträgt sie 1,86°.

Molekulardisperse Lösung — Monophasische Flüssigkeitsketten. 65

Molekulardisperse Lösung (dispergere = verstreuen). Gleichbedeutend mit echter Lösung (siehe d.), da in einer echten Lösung der gelöste Stoff vermutlich in seine einzelnen **Moleküle*** aufgespalten im **Lösungsmittel*** verteilt ist. Eine solche Lösung wird auch als Molekulardispersoid bezeichnet.

Molekulardispersion (dispergere = zerstreuen). Das Produkt aus dem **Molekulargewicht*** und der **spezifischen Dispersion*** eines Stoffes.

Molekulardispersoid siehe bei Molekulardisperse Lösung.

Molekulare Gefrierpunktserniedrigung s. bei Molekulardepression.

Molekulare Konzentration siehe bei Konzentration.

Molekulare Leitfähigkeit siehe bei Leitfähigkeit.

Molekulare Siedepunktserhöhung siehe bei Siedepunktserhöhung.

Molekulargewicht. Die Dichte eines Stoffes, bezogen auf ein Normalgas*, dessen Dichte $1/_{32}$ von der des Sauerstoffes beträgt.

Molekularmagnetismus. Der auf Wasser = 1 bezogene, mit dem Molekulargewicht des untersuchten Stoffes multiplizierte spezifische **Magnetismus*** dieses Stoffes.

Molekularrefraktion. Ein Produkt aus der **spezifischen Refraktion*** und dem **Molekulargewicht*** eines Stoffes (R · M). Nach allgemeinem Gebrauch wird die Molekularrefraktion, wenn sie nach der Formel berechnet wird, die Gladstone-Dale für den spezifischen Brechungsindex (s. d.) angegeben haben mit einem lateinischen M bezeichnet, wenn nach der Lorentz-Lorenz-Formel mit einem gotischen 𝔐.

Molekularsuszeptibilität siehe bei magnetische Suszeptibilität.

Molekularverdopplung, oder Assoziation ist die Eigenschaft gewisser Stoffe (z. B. fast aller hydroxylhaltiger Verbindungen), sich in konzentrierten Lösungen zu Doppelmolekülen zusammenzulagern. Siehe auch bei Nebenvalenzen.

Molekularvolumen oder Molarvolumen. Der Quotient aus dem **Malekulargewicht*** eines Stoffes und seinem **spezifischen Volumen*.**

Molekularwärme oder Molarwärme. Die spezifische Wärme (siehe bei Wärmekapazität) eines **Mols*** einer Substanz bei konstantem Druck. Bei Verbindungen in festem Aggregatzustand ist sie gleich der Summe der Atomwärmen der im Molekül enthaltenen Atome, also eine additive Eigenschaft. Über das Gesetz der Molekularwärme siehe bei Koppsches Gesetz.

Molionen. Nach H. J. Hamburger die Anzahl der **Moleküle*** plus der der **Ionen*** die sich in einem Liter einer Lösung eines bestimmten Stoffes befinden.

Monomolekulare Reaktion siehe bei Reaktion.

Monophasische Flüssigkeitsketten. Siehe bei Flüssigkeitsketten.

Monotrope Stoffe ($\mu o \nu o \varsigma$ = allein, $\tau \varrho \varepsilon \pi \omega$ = wende). So bezeichnet werden **polymorphe Stoffe***, für die die **Umwandlungstemperatur*** ihrer einzelnen möglichen Formarten ineinander höher liegt als ihre Schmelztemperatur. Man kann sämtliche möglichen Formen eines solchen Stoffes nach dem **Stufengesetz*** nur durch **Unterkühlen*** der flüssigen Phase oder des Dampfes dieses Stoffes erhalten. Siehe hingegen bei enantiotrope Stoffe.

Monovariante Systeme siehe bei Systeme.

Morphotropie ($\mu o \varrho \varphi \eta$ = Gestalt, $\tau \varrho \varepsilon \pi \omega$ = wende). Nach Groth kleine Änderungen der **Krystallform**, die bei der **Isomorphie*** durch Änderungen des Mengenverhältnisses der einzelnen zusammenkrystallisierenden Substanzen des Stoffgemenges hervorgerufen werden.

Multirotation (multum = viel, rotare = drehen). Die Eigenschaft der Lösungen gewisser Stoffe, frisch hergestellt, die Ebene des polarisierten Lichtes viel stärker abzulenken, als wenn sie älter geworden sind, oder wenn sie einmal aufgekocht wurden.

μ. Ein Tausendstel eines Millimeters (sprich My).

$\mu\mu$. Ein Millionstel eines Millimeters (sprich Mymy oder Millimy).

Nebel. Ein **Dispersoid*** mit flüssiger **disperser Phase*** und gasförmigem **Dispersionsmittel***.

Nebenvalenz eines Atoms (valere = gelten). Die Fähigkeit eines **Atomes*** zur Verkettung mit Radikalen (Atomgruppen), die auch selbständig als **Moleküle*** bestehen können. Hingegen können Nebenvalenzen eines Atoms nicht, wie seine Hauptvalenzen, einzelne Atome binden.

Negative Osmose siehe bei Osmose.

Nernstscher Verteilungssatz siehe bei Verteilungssatz.

Nernstsches Wärmetheorem. In der Planckschen Fassung lautet es: Die **Entropie*** eines kondensierten (festen oder flüssigen) chemisch einheitlichen Stoffes beim Nullpunkt der absoluten Temperatur (= 273° C) besitzt den Wert Null.

Neutraler Punkt eines Kolloides. Jener Zustand, in dem die Teilchen des Kolloides in einem elektrischen Potentialgefälle keine Wanderung ausführen. In diesem Zustande kann das **Kolloid*** sehr leicht ausgefällt werden. Siehe auch bei isoelektrischer Punkt.

Neutralisationskette. Eine Gaskette (s. d.), bei der zwei Wasserstoff- oder Sauerstoffelektroden (siehe bei Gaselektroden) gleichen Gasdruckes verwendet werden, von denen die eine in eine Säure, die andere in eine gleich konzentrierte Lauge eintaucht. Solche Ketten werden zur Bestimmung der Wasserstoff- und der Hydroxylionenkonzentration des Wassers verwendet.

Neutralisationswärme. Die bei der Neutralisation einer Säure oder Base freiwerdende Wärmemenge.

Nichtelektrolyte. Stoffe, deren **Moleküle*** in wässeriger Lösung nicht in Ionen zerfallen, und deren Lösung den elektrischen Strom nicht leitet.

Niederschlagsmembran. Eine Membran, die sich an der Berührungsfläche zweier miteinander chemisch reagierenden Flüssigkeiten, bei geeigneter Versuchsanordnung, aus den sich niederschlagenden Reaktionsprodukten bilden kann. Am bekanntesten ist die Niederschlagsmembran, die sich bildet, wenn man je eine Lösung von Ferrocyankali und von Kupfersulfat zur Berührung miteinander bringt. Es entsteht dann eine (von M. Traube zuerst dargestellte) Membran aus Ferrocyankupfer, die für Wasser durchlässig, für Kupfersulfat und Ferrocyankali aber undurchlässig ist, also eine halbdurchlässige oder **semipermeable Membran.**

Normaldruck. Der Druck von einer Säule von Quecksilber, die 76 cm hoch ist und 1 cm² Querschnitt hat, bei 0° Temperatur und 45° geographischer Breite und Meereshöhe.

Normalelement. Ein galvanisches Element, das zur Erzeugung stets konstanter, genau gemessener elektromotorischer Kräfte dient, deren Stärke in gut bekannter Art von der Temperatur abhängig ist. Man benutzt Normalelemente zur Eichung elektrischer Apparate oder zu vergleichenden Messungen. Am meisten gebraucht dürfte wohl das Cadmiumnormalelement sein (s. d.).

Normalgas. Jenes ideale Gas, das den Gasdichtebestimmungen und anderen Messungen an Gasen als Vergleichseinheit zugrunde gelegt wird, und dessen Dichte genau 32 mal kleiner gedacht ist als die des Sauerstoffes.

Normalkette siehe Normalelement.

Normalkonzentration siehe bei Normallösung.

Normallösung. Eine Lösung, die ein **Grammäquivalent*** des gelösten Stoffes in einem Liter Flüssigkeit gelöst enthält. Die Konzentration einer solchen Lösung bezeichnet man als normal.

Normaltemperatur. Die Temperatur schmelzenden Eises. Sie ist gleich 0° C oder 273° absoluter Temperatur.

Normalzustand eines Gases. Sein Zustand bei 0° C unter **Normaldruck*.**

Nullmethoden. Allgemein werden solche Methoden als Nullmethoden bezeichnet, die eine Wirkung in der Weise messen, daß sie sie durch eine entsprechende, in ihrer Intensität bekannte Gegenwirkung auf Null herabdrücken. Einfachstes Beispiel hierfür ist z. B. die Waage.

Nullpunkt, absoluter, der Temperatur. Er liegt bei $-273°$. Die auf diesen Nullpunkt bezogenen Temperaturangaben werden als absolute Temperatur oder T bezeichnet.

Nullpunktscalorie. Die Wärmemenge, die nötig ist, um die Temperatur eines Grammes Wasser von 0° C auf 1° C zu erhöhen.

Oberfläche. Die Trennungsfläche zweier aneinander angrenzender **Phasen***.

Oberfläche, anomale. Diese Bezeichnung wird gelegentlich für eine, durch eine Adsorptionsschicht verunreinigte Oberfläche gebraucht.

Oberfläche, gesättigte. Eine Oberfläche, welche die unter den obwaltenden äußeren Bedingungen (Druck, Temperatur, usw.) größtmögliche Menge eines adsorbierbaren Stoffes aufgenommen hat.

Oberfläche, spezifische. Der Quotient aus der Oberfläche und dem Rauminhalt eines Stoffes. Bei heterogenen **Systemen*** wird die spezifische Oberfläche der einzelnen **Phasen*** nach Wo. Ostwald als deren Dispersitätsgrad bezeichnet. **Kolloide*** zeichnen sich z. B. durch einen besonders hohen Dispersitätsgrad ihrer Phasen aus. Bei ihnen beträgt der Wert des Dipersitätsgrades $\left(\frac{\text{Oberfläche}}{\text{Volumen}}\right)$ zwischen $6 \cdot 10^5$ und $6 \cdot 10^7$.

Oberflächenaktiv (ago = tue). Als oberflächenaktiv oder kapillaraktiv bezeichnet man Stoffe (wie z. B. die Alkohole), die die **Oberflächenspannung*** einer Flüssigkeit, in der sie sich auflösen, stark erniedrigen. Solche Stoffe sammeln sich in der Oberfläche der betreffenden Flüssigkeit auch stets in höherer Konzentration an, als in ihrem Innern (Gibbs). Diese letztere Erscheinung wird als positive Adsorption bezeichnet. Siehe auch bei oberflächeninaktiv.

Oberflächenenergie. Die zur Herstellung einer Oberfläche aufgewendete Arbeit. Sie wird dargestellt durch das Produkt der Oberflächenspannung der betreffenden Substanz (σ) und der Maßzahl der gebildeten Oberfläche (O). $E = O\sigma$.

Oberflächenenergie erster Art. Nach Wo. Ostwald jene Oberflächenenergie (s. d.) die auf eine Verkleinerung der Oberfläche hinwirkt. Sie wird auch als positive O. bezeichnet.

Oberflächenenergie, expansive siehe bei O. zweiter Art.

Oberflächenenergie, molare oder molekulare. Die Größe $V^{\frac{2}{3}} \cdot \sigma$, wenn V das **Molarvolumen*** der untersuchten Substanz und σ ihre **positive Oberflächenspannung*** ist.

Oberflächenenergie, positive siehe O. erster Art.

Oberflächenenergie zweiter Art oder expansive O. Nach Wo. Ostwald jene Art der **Oberflächenenergie***, die sich unter Vergrößerung der Oberfläche eines Stoffes im Verhältnis zu seinem Volumen (seiner spezifischen Oberfläche) in andere Energieformen umwandelt.

Oberflächeninaktiv oder capillarinaktiv ist ein Stoff (z. B. die meisten Neutralsalze), der in seinen Lösungen die Oberflächenspannung des Lösungsmittels nicht merklich erniedrigt, oder mitunter sogar steigert. Ist letzteres der Fall, dann wird er in der Oberflächenschicht seines Lösungsmittels in geringerer Konzentration vorhanden sein, als im Innern (Gibbs). Diese Erscheinung wird als negative Adsorption bezeichnet.

Oberflächenspannung. Jene elastische Spannung, die in jeder Oberfläche* einer Phase herrscht, und die als die Differenz der anziehenden Kräfte aufzufassen ist, mit denen die Moleküle jeder der beiden aneinander grenzenden Phasen die Molekülschicht der Oberfläche anziehen. Man kann die Oberflächenspannung auch als die Arbeit definieren, die zur Erzeugung der Flächeneinheit der Oberfläche einer bestimmten Substanz notwendig ist.

Oberflächenspannung, dynamische. Die Oberflächenspannung* einer soeben frisch entstandenen Oberfläche. Da bei einer solchen die Einwanderung etwa vorhandener oberflächenaktiver* Stoffe aus dem Innern der Flüssigkeit in die Oberfläche derselben (die positive Adsorption) noch nicht beendet ist, so zeigt die dynamische Oberflächenspannung immer einen höheren Wert als die statische Oberflächenspannung (s. d.) alter Oberflächen.

Oberflächenspannung, expansive, siehe bei O. negative.

Oberflächenspannung, negative. Der Intensitätsfaktor der Oberflächenenergie zweiter Art (s. d.), d. h. die Spannung solcher Oberflächen, deren Oberflächenenergie die Oberfläche zu vergrößern strebt.

Oberflächenspannung, positive. Der Intensitätsfaktor der Oberflächenenergie erster Art (s. d.), das heißt jener Oberflächenenergie, die die Oberfläche eines bestimmten Flüssigkeitsvolumens zu verkleinern strebt.

Oberflächenspannung, statische. Die Oberflächenspannung einer alten, schon seit längerer Zeit bestehenden Oberfläche. Siehe auch bei O. dynamische.

Ödometer von Reinke (οἰδάω = schwelle an). Ein Apparat zur Messung des **Quellungsdruckes**, d. h. jenes Druckes, den eine quellbare Substanz bei der Quellung auf die ihre Volumvermehrung behindernden Wände eines Gefäßes ausübt.

Ölketten. Nach Beutner galvanische **Ketten***, die aus Elektrolytlösung, einer sich mit Wasser nicht völlig mischenden organischen Flüssigkeit, z. B. Phenol, Elektrolytlösung, bestehen.

Ohm (deutscher Physiker 1787—1859). In der Elektrizitätslehre die Einheit des Widerstandes. Es ist der Widerstand, den eine prismatische Quecksilbersäule von konstantem Querschnitt von 1 mm^2, einer Länge von 16,3 cm und einer Masse von 19,4521 g bei einer Temperatur von 0° C der Durchleitung des elektrischen Stromes entgegensetzt. Das gebräuchliche Zeichen für 1 Ohm ist Ω.

Ohmsches Gesetz. Stromstärke = $\dfrac{\text{elektromotor. Kraft}}{\text{Widerstand}}$ K, oder in den betreffenden Maßeinheiten ausgedrückt: Ampere = $\dfrac{\text{Volt}}{\text{Ohm}}$.

Optische Temperaturmessung siehe bei Temperaturmessung.
Optisch leere Flüssigkeit siehe bei Flüssigkeit.
Organosol, Ein **Sol*** dessen **Dispersionsmittel*** eine Flüssigkeit von organisch-chemischer Zusammensetzung ist.
Orthobare Dichte siehe bei Dichte.
Osmometer (ωσμος = der Antrieb). Eine Vorrichtung, die den osmotischen **Druck*** einer Lösung zu messen gestattet.
Osmose (ωσμος = Antrieb). Eine Erscheinung, die man beobachtet, wenn man eine Lösung durch eine für den gelösten Stoff undurchlässige, für das Lösungsmittel durchlässige (also eine semipermeable) Membran von einer Menge des reinen Lösungsmittels oder einer verdünnteren Lösung des gleichen Stoffes im gleichen Lösungsmittel trennt. Es findet dann (auch gegen einen bestimmten Überdruck) ein Einströmen des reinen Lösungsmittels in die Lösung statt. Diesen Vorgang nennt man Osmose.
Osmose, abnorme siehe bei Osmose, negative.
Osmose, negative oder abnorme. Die Tatsache, daß in zwei, durch eine **semipermeable Membran*** voneinander getrennten Flüssigkeiten der osmotische Flüssigkeitsstrom mitunter von der Flüssigkeit mit niedrigerem zu der mit höherem osmotischen Drucke gerichtet ist. Dies ist z. B. mitunter der Fall, wenn Säure und reines Wasser durch z. B. eine Schweinsblase voneinander getrennt werden. Der Grund für diese Erscheinung liegt darin, daß die Membran von der Säure stärker zum Quellen gebracht wird als von reinem Wasser. Siehe auch Flusinsche Regel.
Osmotischer Druck siehe bei Druck.
Osmotische Konzentration siehe bei Konzentration.
Osmotischer Lösungsdruck siehe bei Lösungsdruck.
Osmotischer Partiardruck siehe bei Partiardruck.
Osmotische Methode. Ein von Overton verwendeter Ausdruck für plasmolytische Methode.
Ostwalds Verdünnungsgesetz (Wi. Ostwald, deutscher Chemiker). Es ist der mathematische Ausdruck dafür, daß in der Lösung eines **Elektrolyten*** das Produkt aus der Konzentration der in der Lösung vorhandenen **Ionen***, in die die **Moleküle*** des gelösten Elektrolyten zerfallen sind, dividiert durch die Konzentration seiner nicht in Ionen zerfallenen Moleküle für das gleiche Lösungsmittel eine konstante Größe darstellt. Das Verdünnungsgesetz wird durch folgende Formel dargestellt

$$\frac{\alpha^2}{v(1-\alpha)} = K,$$

wenn es sich um einen binären Elektrolyten handelt, das heißt einen Stoff, dessen jedes dissoziierte Molekül in der Lösung in zwei Ionen zerfällt. Der **Dissoziationsgrad*** wird als α bezeichnet, v ist die Menge Lösungsmittel in Litern ausgedrückt, in der ein **Mol*** des Elektrolyten gelöst ist.

p$_H$ siehe Wasserexponent.

Paramagnetisch ($\pi\alpha\varrho\alpha$ = neben, gegen). Als paramagnetisch werden solche Körper bezeichnet, die sich, zwischen die Pole eines Magneten gebracht, mit ihrer Längsachse parallel zur Verbindungslinie der Pole stellen.

Partialdruck, osmotischer (pars = Teil). Der osmotische Druck, den ein von mehreren, gleichzeitig in demselben Lösungsmittel gelösten, Stoffen unter sonst gleichen Verhältnissen ausüben würde, wenn er in der gleichen Konzentration, jedoch allein im gleichen Lösungsmittel gelöst vorhanden wäre.

Pektisation ($\pi\varepsilon\kappa\tau o\varsigma$ = geronnen) = Koagulation (s. d.).

Peltier-Effekt (Franz. Uhrmacher 1785—1845). Ein durch die Berührungs(Löt-)stelle zweier Metalle fließender elektrischer Strom erzeugt, je nach der Natur derselben, eine Zu- oder Abnahme der Temperatur an der Berührungsstelle der Metalle.

Peptisation eines Kolloides ($\pi\varepsilon\pi\tau o\omega$ = koche). Die Wiederauflösung eines (z. B. durch Salzzusatz) gefällten **Kolloides*** (z. B. bei weiterem Salzzusatz).

Peptisator. Nach P. P. v. Weimarn jene Substanz, die die **Peptisation*** eines Kolloides bewirkt.

Periodisches Gesetz der Elemente. Die Eigenschaften der Elemente sind als eine periodische Funktion ihrer Verbindungsgewichte anzusehen. (L. Meyer und D. Mendelejew.) Nach den neuen Ansichten über Bau und Wesen der **Atome*** sind nicht die Atomgewichte, sondern die Kernladungen für die chemischen Eigenschaften eines Elementes maßgebend.

Permeabilität (per = durch, meare = gehen). Die Durchlässigkeit eines Stoffes (meist handelt es sich um dünne Membranen) für die Moleküle einer Flüssigkeit oder einer gelösten Substanz.

Permeabilität, elektrische, siehe bei Dielektrizitätskonstante.

Pfeffersche Zelle. (Deutscher Pflanzenphysiologe.) Ein Tonzylinder, in dessen Poren eine Ferrocyankupfermembran eingelagert ist, die die Eigenschaften einer halbdurchlässigen Membran hat, d. h. wohl Wasser, aber nicht gewisse Salze durch ihre Poren hindurchläßt. Zur Nachahmung und Erforschung der osmotischen Verhältnisse an lebenden Zellen ist dieses Modell von W. Pfeffer zuerst konstruiert und verwendet worden.

Phänomen siehe bei Dampfstrahl, Danycs, Soret, Tyndall.

Phase ($\varphi\alpha\sigma\iota\varsigma$ = Erscheinung). Ein räumliches Gebiet eines Gebildes, das in sich gleichförmig ist, von den andern Gebieten des Gebildes jedoch durch sprungweise oder unstetige Übergänge der physikalischen oder der physikalischen und chemischen Eigenschaften geschieden ist. Für ersteren Fall ist eine Menge Wassers, in der Eisstücke schwimmen, ein Beispiel. Die Phase Eis und die Phase Wasser sind nur physikalisch voneinander unterschieden. Ein Beispiel für den zweiten Fall wäre z. B. eine in verdünnter Alkohollösung schwebende Ölkugel.

Phase, äußere. So wird in der Kolloidchemie auch das Dispersionsmittel (s. d.) bezeichnet.

Phase, disperse (dispergere = verstreuen) oder Dispersum. Nach Wo. Ostwald die Gesamtheit der im **Dispersionsmittel*** verteilten fremden Teilchen eines kolloid gelösten Stoffes. In der Norm stehen die Teilchen der dispersen Phase nicht in unmittelbarem Zusammenhange miteinander, sondern jedes ist von dem andern durch eine Schichte des Dispersionsmittels getrennt. Bei beginnender **Koagulation*** können jedoch auch die Teilchen der dispersen Phase als feinstes Netzwerk, Fädengewirr usw. miteinander zusammenhängen, wobei dann eine exakte Unterscheidung von Dispersionsmittel und disperser Phase natürlich aufhört. Man bezeichnet die disperse auch als innere Phase eines Kolloides.

Phase, innere, siehe bei Phase, disperse.

Phasengesetz. Auf das **Gleichgewicht*** das zwischen zwei beliebigen Phasen herrscht, hat das Mengenverhältnis, in dem sie vorhanden sind, keinen Einfluß.

Phasengleichgewichtsgesetz. Alle **Phasen*** eines Systems, die miteinander im Gleichgewichte stehen, können einander bei beliebigen anderen Gleichgewichten ersetzen, bei denen ein gemeinsamer Bestandteil dieser Phasen in Frage kommt (Wo. Ostwald).

Phasengrenzkräfte. Nach Haber ein Ausdruck für diphasische elektromotorische Kräfte (s. d.).

Phasenregel siehe bei Gibbs.

Phosphorescenz ($\varphi\omega\varsigma$ = Licht, $\varphi\varepsilon\varrho\omega$ = tragen). Die Eigenschaft gewisser Körper, unter bestimmten äußeren Einflüssen einen diese Einflüsse überdauernden Lichteffekt hervorzubringen.

Photochemie. Die Lehre von den Beziehungen zwischen der strahlenden Energie des Lichtes und der chemischen Energie.

Photodromie bei Kolloiden ($\varphi\omega\varsigma$ = Licht, $\tau\varrho\varepsilon\chi\omega$ = laufe). Bewegungserscheinungen, die an den Teilchen eines kolloid gelösten Stoffes unter dem Einflusse eines Lichtgefälles zu beobachten sind.

Photoluminescenz siehe bei Luminescenz.

Photopolymerisation (πολυς = viel, μερος = Teil). Durch Belichtung hervorgerüfene Bindung von je zwei oder mehreren Molekülen eines homogenen Stoffes aneinander (Polymerisation).
Physikalische Chemie siehe bei Chemie.
Piezoelektrizität (πιεζω = drücke). Elektrizitätserscheinungen, die in Kristallen durch mechanischen Druck oder Zug hervorgerufen werden.
Plancksche Theorie siehe bei Quantentheorie.
Plasmolyse (πλασσω = bilde, λυω = löse). Die durch Schrumpfung bedingte Abhebung des Protoplasmas einer lebenden Zelle von der Zellwand, wenn eine **hypertonische*** Salzlösung auf die Zelle einwirkt. Die Beobachtung des Eintrittes der Plasmolyse ist, seit de Vries als Methode zu Untersuchungen über den **osmotischen Druck*** verschiedener Lösungen sehr viel benutzt worden (plasmolytische Methode). Jene niedrigsten Konzentrationen, verschiedener in Wasser gelöster Stoffe, die eben die Plasmolyse hervorzurufen vermögen (die plasmolytischen Grenzkonzentrationen), enthalten **äquimolekulare*** Mengen der gelösten Stoffe. Da man die in den Lösungen enthaltenen Gewichtsmengen der betreffenden Stoffe kennt, oder feststellen kann, so ist die Plasmolyse auch ein Mittel zur Bestimmung des Molekulargewichtes der gelösten Stoffe.
Pleochroismus (πλειων = mehr, χρωμα = Farbe). Die Eigenschaft gewisser Kristalle, im durchfallenden Licht nach verschiedenen Richtungen verschiedene Farben zu zeigen.
Poikilosmotische Tiere (ποικιλος = bunt, mannigfach). Tiere, bei denen der **osmotische Druck*** der Körpersäfte weitgehend von dem osmotischen Druck der Flüssigkeit abhängt, in der diese Tiere leben.
Poiseullesches Gesetz (Physiologe, 1799—1869). Die Ausflußgeschwindigkeit einer Flüssigkeit aus einer starren Röhre, die von ihr benetzt wird, ist dem Drucke, unter dem die Flüssigkeit steht und der 4. Potenz des Radius der Capillarröhre direkt, ihrer Länge und dem Reibungskoeffizienten umgekehrt proportional.
Polare Eigenschaften siehe bei Eigenschaften.
Polarisation, galvanische. Die Abscheidung von chemischen Zersetzungsprodukten an den **Elektroden*** beim Durchfließen des elektrischen Stromes durch ein Element, infolge derer ein dem ursprünglichen elektrischen Strome entgegengesetzt gerichteter, ersteren in seiner Intensität schwächender **Polarisationsstrom** entsteht.
Polarisationsstrom siehe bei Polarisation.
Polarisator. Ein Apparat zur Verwandlung von gewöhnlichem Licht in **polarisiertes**, d. h. in solches, bei dem alle Wellen des Lichtes in der gleichen Schwingungsebene schwingen.
Polarisierbare Elekroden siehe bei Elektroden.
Polarisiertes Licht siehe bei Licht.

Polydispersoid (πολυς = viel, dispergere = zerstreuen). Ein aus mehreren **Phasen*** bestehendes (also heterogenes) System, bei dem die einzelnen Teilchen der **dispersen Phase*** untereinander nicht annähernd gleich groß sind, sondern stark verschieden in der Größe.
Polymerie siehe bei Isomerie im weiteren Sinne.
Polymerisation (πολυς = viel, μερος = Teil). Die Verbindung von zwei oder mehr gleichartiger Moleküle zu einem einzigen. Z. B. können drei Moleküle C_2H_4O (Acetaldehyd) sich zu einem Molekül Paraldehyd ($C_6H_{12}O_3$) polymerisieren.
Polymorphie (μορφη = Gestalt). Das Auskristallisieren eines und desselben chemischen Stoffes in mehreren **Kristallsystemen**. Gehen die Stoffe in einen **amorphen*** Zustand (flüssig oder gasförmig) über, dann verschwindet natürlich die Polymorphie. Die P. wird auch als physikalische Isomerie bezeichnet. Die verschiedenen Kristallformen polymorpher Stoffe entsprechen auch verschiedenen Modifikationen dieser, deren Dampfdruck und Löslichkeit z. B. meist voneinander verschieden ist. Meist können solche verschiedene Modifikationen nur bei einer bestimmten Temperatur (der sogenannten Umwandlungstemperatur) und einem bestimmten Druck dauernd nebeneinander bestehen bleiben. Die beim Übergang einer solchen Modifikation in die andere entwickelte Wärme ist die sogenannte Umwandlungswärme. Ein Beispiel solcher Polymorphie ist der rhombische und der monokline Schwefel. Die Umwandlungstemperatur beider ist 95,4° C. Oberhalb dieser Temperatur ist die **Dampfspannung*** des rhombischen Schwefels größer als die des monoklinen, der erstere verwandelt sich vollständig in letzteren. Unterhalb der Temperatur von 95,4° ist das Umgekehrte der Fall.
Polyphasische Flüssigkeitsketten siehe bei Flüssigkeitsketten.
Potential, chemisches (potentia = Fähigkeit). Es ist, entsprechend dem elektrischen Potential (s. d.) der Intensitätsfaktor der chemischen Energie.
Potential, elektrisches. Es wird auch Spannung oder elektromotorische Kraft genannt und ist der Intensitätsfaktor der elektrischen Energie, deren Kapazitätsfaktor (aus diesen zwei Faktoren setzt sich die elektrische Energie zusammen) die Elektrizitätsmenge ist. Als Einheit der Spannung dient das **Volt***.
Potendialdifferenz. Der zwischen zwei Punkten bestehende Unterschied in ihrem elektrischen Potential (s. d.). Nach Le Blanc wird die Potentialdifferenz besser als „Spannung" bezeichnet und folgendermaßen definiert: Die elektrische Spannung zwischen zwei Punkten A und B ist ihrem Zahlenwert und ihrem Vorzeichen nach gleich der Arbeit, die aufgewendet werden muß, um die positive Einheit der Elektrizitätsmenge von B nach A zu schaffen.
Potentialgefälle, elektrisches. Die Abnahme des elektrischen **Potential*** entlang einer bestimmten Strecke.

Potentielle Ionen siehe bei Ionen.
Prinzip von le Chatelier. Ein in chemischem und physikalischem Gleichgewichte befindliches System, erfährt als Folge jeder Beeinflussung, die einen der Faktoren des Gleichgewichtes betrifft, eine Veränderung, die jener Beeinflussung entgegen wirkt.
Proportionen, Gesetz der konstanten und multiplen, von Dalton. Es besagt, daß die Mengenverhältnisse, mit denen die chemischen Elemente in die verschiedenen chemischen Verbindungen eingehen, entweder direkt dem Atomgewicht der betreffenden Grundstoffe entsprechen, oder einfachen Multiplis (Vielfachen) dieses Atomgewichtes.
Puffer siehe bei **Reaktionsregulator.**
Punkt, dreifacher. Jener Wert von Druck und Temperatur bei dem alle drei Aggregatzustände eines Stoffes nebeneinander im Gleichgewicht bestehen können.
Punkt, eutektischer. Er kennzeichnet jene Temperatur, bei der zwei ineinander lösliche Stoffe in Form der flüssigen Lösung und der beiden festen Stoffe nebeneinander im Gleichgewicht bestehen können. Diese Temperatur ist stets niedriger als die des Schmelzpunktes eines jeden einzelnen der beiden Stoffe der Lösung. Siehe auch bei **eutektisches Gemisch.**
Punkt, isoelektrischer. Jener Zustand eines **heterogenen Systems***, bei dem die elektrische Potentialdifferenz seiner einzelnen Phasen gegeneinander gleich Null ist. In diesem Zustand erreicht die **Oberflächenspannung*** der betreffenden Phasen ihren höchsten Wert. Im isoelektrischen Punkt findet besonders leicht eine mechanische Trennung der einzelnen **Phasen*** des Systems voneinander statt (z. B. die Auflockung eines Kolloides). Siehe auch bei **Ampholyte.**
Punkt, kritischer. Nach Wi. Ostwald jener Punkt (einer Kurve), der Temperatur und Druck bezeichnet, bei denen zwei **Phasen*** eines Stoffgemenges identisch werden.
Punkt, neutraler eines Kolloides. Jener Zustand, in dem die Teilchen des Kolloides keine Wanderung in einem elektrischen Potentialgefälle ausführen, und in dem es leicht ausfällbar ist (siehe isoelektrischer Punkt).
Pyknometer ($\pi v \varkappa v o \varsigma$ = dicht). Gefäße, die ein genau bekanntes Volumen fassen. Sie werden mit einer Substanz (Flüssigkeit), deren spezifisches Gewicht man bestimmen will, gefüllt und vor und nach der Füllung abgewogen. Das so bestimmte Gewicht der Flüssigkeit wird durch den bekannten Fassungsraum des Pyknometers, der das Volumen der gewogenen Flüssigkeit darstellt, dividiert. Die errechnete Zahl ergibt das spezifische Gewicht der Flüssigkeit bei der Wiegetemperatur.
Pyrometer ($\pi \tilde{v} \varrho$ = Feuer). Ein Apparat zur Messung sehr hoher Temperaturen. Siehe bei **optische Temperaturmessung.**

Pyrosole. Metall-Sole* in feurig- flüssigem Zustand. Ihr kolloider Charakter wurde von R. Lorentz nachgewiesen.

Quadrupelpunkt (quatuor = vier). Jene Höhe von Druck und Temperatur, bei der vier **Phasen*** zweier ineinander löslicher Stoffe im **Gleichgewichte*** nebeneinander bestehen können (z. B. festes Salz, Eis, die gesättigte wässerige Salzlösung, Wasserdampf).

Quantentheorie von Planck (quantus wie groß). Sie besagt, daß die Moleküle Energie nicht kontinuierlich, sondern diskontinuierlich, und zwar nur in Form ganz bestimmter Elementarmengen (sogenannter Elementarquanten) aufnehmen und abgeben.

Quellung. Die Aufnahme von Wasser oder einer anderen Flüssigkeit durch einen Stoff vom Typus der **Gele*** unter Volumvergrößerung und Überwindung eines beschränkt großen, der Wasseraufnahme etwa entgegenwirkenden äußeren Druckes. Siehe auch bei Quellungsdruck und Quellungsgeschwindigkeit. Nach Eichwald und Fodor ist unter Quellung die Aufnahme einer Flüssigkeit durch einen festen Körper zu verstehen, bei der der letztere seine frühere Homogenität beibehält.

Quellungsdruck. Der bei der Flüssigkeitsaufnahme durch quellungsfähige Stoffe entwickelte mitunter außerordentlich hohe Druck. Er kann mit einem von Reinke konstruierten Apparate, dem Ödometer gemessen werden.

Quellungsgeschwindigkeit. Ein Ausdruck des zeitlichen Ablaufes der Quellungsvorgänge. Die Quellungsgeschwindigkeit ist beim Vorgang der Quellung anfangs sehr groß, wird dann immer geringer, bis schließlich, wenn die größtmögliche Quellung (das Quellungsmaximum) erreicht wird, die Quellungsgeschwindigkeit unendlich klein wird. Bei hoher Temperatur verläuft die Quellung rascher als bei niederer, ohne daß jedoch durch die Temperatur das schließlich erreichte Quellungsmaximum wesentlich beeinflußt wird.

Quellungsmaximum siehe bei Quellungsgeschwindigkeit.

Quellungswärme. Die bei einem Ouellungsvorgang entwickelte Wärme.

R. siehe bei Gaskonstante.

Racemisches Gemisch oder racemische Form eines Stoffes (von acid. racemicum die Traubensäure, da diese zu der betreffenden Gruppe von Stoffen gehört). Ein Gemisch, das gleiche Teile oder Vielfache des Molekulargewichtes in Grammen von zwei **isomeren Stoffen*** enthält, deren einer die Ebene des **polarisierten Lichtes*** nach rechts, der andere nach links dreht. Racemische Gemische beeinflussen die Ebene des polarisierten Lichtes gar nicht, sind also im Gegensatz zu ihren Bestandteilen optisch inaktiv.

Radioaktiv (radius = Stahl, ago = tue). Die Eigenschaft gewisser chemischer Grundstoffe spontan andauernd Strahlungen auszusenden, welche Metallschichten zu durchdringen vermögen, auf photographische Platten einwirken, und Gasen (Luft) elektrische Leitfähigkeit verleihen. Hierbei unterliegen diese Stoffe einem dauernden spontanen durch andere Einflüsse willkürlich nicht zu hemmenden oder zu fördernden Zerfall. Ihr typischester Vertreter ist das Radium.

Raoults Gesetz der molekularen Dampfdruckerniedrigung. Es besagt, daß Lösungen, die im Liter des gleichen Lösungsmittels die gleiche Anzahl von Molekülen (die gleiche molare Konzentration) verschiedener Stoffe gelöst enthalten, unabhängig von der Natur der gelösten Stoffe, die gleiche **Dampfdruckerniedrigung*** zeigen. Anders ausgedrückt: $P = \dfrac{n}{N}$. Hierbei ist P = Dampfdruckerniedrigung, n = Zahl der Moleküle des gelösten Stoffes, N = Zahl der Moleküle des Lösungsmittels.

Räumigkeit eines Stoffes. Sein Rauminhalt (Volumen) dividiert durch sein Gewicht.

Randwinkel. Der Winkel, den die Grenzfläche festflüssig und die Grenzfläche gasförmig-flüssig am Rande einer, eine feste Phase berührenden Flüssigkeit, miteinander einschließen.

Randwinkel, Satz von der Konstanz der. Er besagt, daß die Oberfläche einer homogenen Flüssigkeit ein und dieselbe von ihr berührte feste Wand, bei gleichen Außenbedingungen stets (unabhängig von der Lage der Wand) unter dem gleichen Winkel (Randwinkel) schneidet.

Rauch. Ein **heterogenes System***, bei dem sich die **disperse Phase*** in festem, das **Dispersionsmittel*** in gasförmigem Aggregatzustande befindet.

Rayleighs Methode der schwingenden Strahlen zur Bestimmung der **Oberflächenspannung** einer Flüssigkeit. Siehe bei Methode.

Reaktion, aktuelle, einer Flüssigkeit. Nach Pfaundler der Gehalt einer Flüssigkeit an freien (aktuellen) Wasserstoff und Hydroxylionen.

Reaktion, bimolekulare (bimolekular = zweimolekular). Eine chemische Umsetzung, bei der je ein Molekül eines Stoffes mit einem Molekül eines anderen eine Reaktion eingeht.

Reaktion, endotherme (ἔνδο = innen, δέρμη = Wärme). Eine chemische Umsetzung, die unter Aufnahme und Bindung von Wärme abläuft.

Reaktion, exotherme (ἔξω = außen). Eine chemische Umsetzung, die unter Freiwerden von Wärme abläuft.

Reaktion, gekoppelte oder induzierte (inducere = einführen. Nach Wi. Ostwald stoffliche Umsetzungen, die nicht unabhängig voneinander verlaufen, sondern sich in ihrem Ablaufe notwendigerweise gegenseitig beeinflussen.

Reaktion, induzierte, siehe bei Reaktion, gekoppelte.

Reaktion, monomolekulare. Nach vant' Hoff sind monomolekulare (d. h. einmolekulare) Reaktionen solche von der Art der Rohrzuckerinversion, bei der scheinbar bloß das Rohrzuckermolekül gespalten wird. Daß sich tatsächlich auch Wasser an dieser Reaktion beteiligt, wird bei dem großen vorhandenen Wasserüberschuß kaum merklich. Der Verlauf der Umsetzung ist:

$$C_{12}H_{22}O_{11} + H_2O = 2\,C_6H_{12}O_6.$$

Reaktion, reversible (revertere = umkehren) oder umkehrbare. Eine chemische Umsetzung, bei der sich unter Umständen aus den bei der Umsetzung neu entstandenen Stoffen wieder die Ausgangsstoffe dieser Umsetzung zurückbilden können. Man nennt solche Umsetzungen auch Gleichgewichtsreaktionen. Ein Beispiel einer reversiblen Reaktion ist die Esterbildung, z. B.

Äthylalkohol + Essigsäure = Äthylacetat + Wasser.

Die Umsetzungen dieser Gleichung können sowohl in der Richtung von der rechten Seite der Gleichung zur linken vor sich gehen, als auch umgekehrt. Man setzt, um dies anzudeuten, bei der Darstellung der Gleichung reversibler Reaktionen an Stelle des = Zeichens ein $\rightleftarrows$ zwischen die beiden Seiten der Gleichung. Die reversiblen Reaktionen laufen nicht bis zum Ende ab, in dem erwähnten Beispiel nicht soweit, daß aller Alkohol und alle Essigsäure in Äthylacetat und Wasser verwandelt sind, sondern es stellt sich schließlich ein Zustand des **Gleichgewichtes*** ein, bei dem alle vier Stoffe in bestimmtem Mengenverhältnis dauernd nebeneinander bestehen können.

Reaktion, umkehrbare, siehe bei Reaktion reversible.

Reaktionsgeschwindigkeit. Die Geschwindigkeit des Ablaufes einer chemischen Umsetzung. Sie wird durch die Menge der sich in der Zeiteinheit umsetzenden Stoffe (in Grammolekülen pro Liter Lösung) ausgedrückt. Siehe auch bei R.-G.-T.-Regel.

Reaktionsisochore ($\mathit{l}\sigma o\varsigma$ = gleich, $\chi\omega\varrho o\varsigma$ = Raum). Eine mathematische Formel oder Kurve, die die Abhängigkeit eines chemischen Gleichgewichtes von der Temperatur ausdrückt.

Reaktionsisotherme ($\mathit{l}\sigma o\varsigma$ = gleich $\vartheta\acute{\varepsilon}\varrho\eta\mu$ = Wärme). Nach W. Nernst jene mathematische Formel oder Kurve, die den Gleichgewichtszustand und den zeitlichen Verlauf einer chemischen Umsetzung bei unveränderter Temperatur im Sinne des **Massenwirkungsgesetzes*** ausdrückt.

Reaktionskonstante siehe bei Geschwindigkeitskonstante.

Reaktionsregulatoren. Gemische schwach **dissoziierter Elektrolyte***, deren Konzentration an freien Wasserstoff und Hydroxylionen sich auch bei Zusatz geringer Säure oder Alkalimengen nicht wesentlich ändert. Durch diese Eigenschaft sind sie geeignet, eine Flüssigkeit gegen geringe, die Konstanz ihrer H-Ionenkonzentration zu verändern drohende Einflüsse zu schützen.

Reaktionswärme. Jene Wärmemenge, die beim Ablauf einer chemischen Umsetzung frei oder gebunden wird. In ersterem Falle spricht man von positiver, in letzterem von negativer Reaktionswärme.

Reduzierter Druck siehe bei Druck.

Reduziertes Volumen siehe bei Volumen.

Reflexion (reflecto = zurückbeugen). In der Optik die Tatsache, daß ein die Grenzfläche zweier verschieden dichter Medien treffender Lichtstrahl an dieser teilweise (partielle Reflexion) oder völlig (totale Reflexion) in das Medium, aus dem er an die Grenzfläche gelangte, zurückgeworfen wird.

Reflexion, totale, siehe bei Reflexion.

Reflexion, Grenzwinkel der totalen.

Grenzen zwei Medien von der Dichte n und N aneinander (s. untenstehende Abbildung), so ist der Winkel zum Einfallslot x unter dem ein

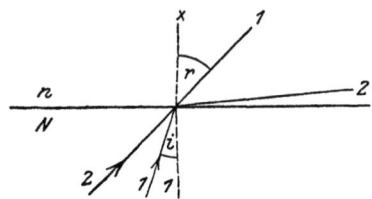

aus dem Medium N kommender Lichtstrahl das Medium n verläßt (r) außer vom **Brechungsindex*** beider Medien vom Einfallswinkel i abhängig. Es gilt die Formel $N \sin i = \sin r$. Ist r größer als $90°$, so handelt es sich um totale Reflexion, der ganze Lichtstrahl wird in das Medium aus dem er kommt zurückgeworfen. Der Grenzfall ist gegeben, wenn $r = 90°$ ist. Der zu $r = 90$ gehörige Einfallswinkel i ist der größtmögliche, bei dem es noch nicht zu totaler Reflexion kommt. Für diesen Grenzfall ($r = 90°$) lautet demnach die Formel $N \sin i = n \sin 90°$ oder da $\sin 90° = 1$ ist $N \sin i = n$ oder $\sin i = \dfrac{n}{N}$. Dieser Ausdruck $\dfrac{n}{N}$ wird auch als $\sin e$ bezeichnet oder als Grenzwinkel der totalen Reflexion. Ist N bekannt und $\sin e$ durch geeignete Apparate ermittelt, so ist n (der Brechungsindex irgendeiner untersuchten Substanz) leicht zu berechnen.

Refraktion siehe bei Brechung.
Refraktion, spezifissche (refringo = zerbrechen). Sie wird auch als Refraktionskonstante oder mit R bezeichnet. Eine für jeden Stoff konstante Größe, die mit Hilfe der folgenden von Lorentz und Lorenz stammenden Formel berechnet werden kann:
$$\frac{n^2-1}{n^2+2} \cdot \frac{1}{d}.$$
Hierbei ist n der **Brechungsindex*** und d die **Dichte*** der untersuchten Substanz. Außer dieser gibt es noch andere Formeln zur Berechnung der spezifischen Refraktion, so die von Newton $\frac{n^2-1}{d}$ oder die von Gladstone-Dale $\frac{n-1}{d}$ oder die von Eykmann $\frac{n^2-1}{n+0,4} \cdot \frac{1}{d}$. Enthält z. B. eine Mischung p Teile eines und $100-p$ Teile eines anderen Stoffes, deren Dichte d und d_1 ist, so kann man die spezifische Refraktion des einen Bestandteiles (R_1) aus der spezifischen Refraktion der Mischung (R) und der des anderen Bestandteiles (R_2) nach der Formel
$$R = R_1 \frac{p}{100} + R_2 \frac{100-p}{100}$$
berechnen. Dies ist für solche Stoffe von Bedeutung, deren Refraktion man nur wenn sie gelöst sind untersuchen kann.
Refraktionskonstante siehe bei Refraktion spezifische.
Refraktometer. Apparate zur Messung des **Brechungsindex*** von Flüssigkeiten oder festen Körpern.
Refraktometrie. Die Wissenschaft, die sich mit der Bestimmung des Brechungsvermögens und seinen Beziehungen zu anderen Konstanten befaßt.
Regel siehe bei Avogadro, Biltz, Coehn, Farbe-Dispersitätsgrad, Flusin, Kundt, Maxwell, Phasen-, R.-G.-T., Trouton.
Reibung, innere. Der Widerstand, der die Verschiebung der Teilchen eines Stoffes (z. B. einer Flüssigkeit) gegeneinander behindert. Er wird auch als Viskosität oder Zähigkeit bezeichnet und kann mit eigenen Vorrichtungen (Viskosimetern) gemessen werden. Als **absolute Zähigkeit** (n) bezeichnet Hagenbach die Kraft, die nötig ist, um zwei Flüssigkeitsschichten von der Einheit der Oberflächengröße mit einer solchen Geschwindigkeit gegeneinander zu verschieben, daß das Maß dieser Verschiebung in der Sekunde die Entfernung zweier Moleküle beträgt.
Reihe, unregelmäßige, siehe bei Fällungszone.
Reihe, Hofmeister'sche siehe bei Hofmeister.
Reversible Reaktionen siehe bei Reaktion.
R.-G.-T.-Regel. Die Reaktions-Geschwindigkeits-Temperatur-Regel besagt nach van 't Hoff, daß die meisten chemischen Reaktionen

Rhythmische Fällung — Schutzkolloide.

beim Ansteigen der Temperatur um 10° eine Verdoppelung bis Verdreifachung ihrer **Reaktionsgeschwindigkeit*** zeigen. Die kurze Bezeichnung R.-G.-T.-Regel stammt von A. Kanitz.

Rhythmische Fällung von Kolloiden siehe bei Liesegang'sche Ringe.

Ringe, Liesegang'sche siehe bei Liesegang.

Sättigungsdruck eines Dampfes. Der Druck, den ein gesättigter Dampf auf die ihn einschließenden Wände ausübt.

Sättigungskapazität. Bedeutet soviel, wie Valenz (s. d.)

Sättigungskonzentration. Die maximale Konzentration, die ein gelöster Stoff in einem Lösungsmittel bei den gegebenen äußeren Verhältnissen (Temperatur, Druck) erreichen kann, bei der die Lösung mit der festen Substanz des gelösten Stoffes dauernd im Zustande des **Gleichgewichtes*** in Berührung bleiben kann.

Sättigungstemperatur. Diejenige Temperatur, bei der ein Dampf bei einem bestimmten Drucke **gesättigt*** ist.

Säurebindungsvermögen oder Säurekapazität einer Flüssigkeit ist jene Zahl, die angibt, wieviel Säure bestimmter Konzentration (z. B. $^1/_{10}$ normal*) man einer bestimmten Menge der Flüssigkeit zusetzen muß, damit sie neutral reagiert. Das Säurebindungsvermögen, das somit besagt, wieviel freie (aktuelle) und gebundene aber leicht abspaltbare (potentielle) OH-Ionen eine Flüssigkeit enthält, wird mit Hilfe des **Titrationsverfahrens*** ermittelt.

Salz, inneres, siehe bei Zwitterion.

Sattdampf siehe bei Dampf, gesättigter.

Schaukelmethode. Eine von Hasselbalch angegebene Methode, die es gestattet, die Reaktion des Blutes bei seinem ursprünglichen Gas- (Kohlensäure-)gehalte zu messen.

Schaum. Ein **heterogenes System***, dessen **disperse Phase*** sich in gasförmigem, dessen **Dispersionsmittel*** sich in flüssigem Aggregatzustande befindet.

Schaum, fester, ein **heterogenes System***, dessen **disperse Phase*** sich in gasförmigem, dessen **Dispersionsmittel*** sich in festem Aggregatzustande befindet, z. B. der Meerschaum.

Schichtung, Liesegang'sche. Grundsätzlich die gleiche Erscheinung, wie die Liesegang'schen Ringe (s. d.) bei räumlich andersartiger Versuchsanordnung. Der in der Natur vorkommende Bandachat zeigt z. B. das Phänomen der Liesegang'schen Schichtung.

Schmelzwärme. Die Wärmemenge, die von der Masseneinheit eines Stoffes beim Übergang aus dem festen in den flüssigen Aggregatzustand aufgenommen wird.

Schutzkolloide. So werden gewisse **hydrophile Kolloide*** (z. B. Eiweiß) bezeichnet, welche ein **Suspensionskolloid*** (z. B. kolloides

Gold) gegen die fällende Wirkung von **Elektrolyten*** zu schützen vermögen. Dieser Schutz geschieht nach Quinke in der Weise, daß die Teilchen des Schutzkolloides die des zu schützenden in dünnster Schichte umhüllen. Es wäre sonach die Schutzwirkung die Folge eines **Adsorptionsvorganges***, durch den die Teilchen des Schutzkolloides an der Oberfläche der Teilchen des Suspensionskolloides festgehalten werden. Siehe auch bei Goldzahl.

Schwarzer Körper. Ein Körper, der alle ihn treffenden Strahlen absorbiert. Man nennt ihn auch einen **absolut schwarzen Körper**.

Schwebefällung. Nach P. G. Unna, der (meist durch Zusatz minimaler Mengen gewisser Stoffe erreichbare) Zustand einer Farbstofflösung, in dem sich diese zur Ausführung von Färbungen besonders gut eignet. In diesem Zustande ist die Größe der im Lösungsmittel verteilten Partikelchen des Farbstoffes größer als im gewöhnlichen Zustand, was durch den Namen Schwebefällung ausgedrückt werden soll.

Schwellenwert der Fällungsreaktion bei Kolloiden. Er gibt die niedrigste, ein Kolloid eben fällende Konzentration eines Fällungsmittels (z. B. eines Neutralsalzes) an.

Selbstbindung der Atome. Die Fähigkeit von Atomen der gleichen Art, einander chemisch zu binden.

Semikolloide. Nach H. Freundlich solche Systeme, deren Eigenschaften es nicht genau entscheiden lassen, ob es sich bei ihnen um **Kolloide*** handelt oder um echte **molekulardisperse*** Lösungen.

Semipermeable Membran siehe bei Membran.

Siedepunkt. Nach Nernst die Temperatur, auf welcher eine Flüssigkeit bei bestimmtem Druck mindestens erhalten werden muß, um in dauerndem Sieden zu verharren d. h. sich dauernd in Dampf zu verwandeln. Der bei einem Druck von 760 mm Hg bestimmte Siedepunkt wird als normaler Siedepunkt oder einfach als Siedepunkt bezeichnet. Siehe auch Siedetemperatur.

Siedepunkt, absoluter. Jene Temperatur, oberhalb derer eine Flüssigkeit bei beliebig hohem Drucke nicht mehr existenzfähig ist. Da dies der höchste überhaupt mögliche Siedepunkt einer Flüssigkeit ist, so hat man ihn als absoluten Siedepunkt oder als kritische Temperatur bezeichnet.

Siedepunktserhöhung einer Lösung. Sie wird durch die Anzahl von °C ausgedrückt, um welche die Siedetemperatur einer Lösung höher liegt als die des reinen Lösungsmittels bei gleichem Drucke. Für ein bestimmtes Lösungsmittel ist die durch einen gelösten Stoff bedingte Siedepunktserhöhung der **molekularen Konzentration*** dieses Stoffes proportional. Bei **äquimolekularen Lösungen*** verschiedener Stoffe im gleichen Lösungsmittel ist die Siedepunktserhöhung die gleiche. Daher ist die Bestimmung der Siedepunktserhöhung (als sogenannte ebullioskopische Methode) ein Mittel das

Siedetemperatur — Spektralanalyse.

Molekulargewicht eines in bekannter Menge in einem Lösungsmittel gelösten Stoffes zu berechnen.

Siedetemperatur. Die Temperatur des Siedespunktes (s. d.).

Siedeverzug. Wird eine Flüssigkeit über ihren **Siedepunkt*** erhitzt, ohne sich in Dampf zu verwandeln, so nennt man dies Siedeverzug. Gewöhnlich tritt dann plötzlich eine explosionsartig heftige Umwandlung eines Teiles der Flüssigkeit in Dampf ein.

Siemens-Einheit. Die vor Einführung des **Ohm*** gebräuchliche Einheit des elektrischen Leitvermögens. Ihr Maß war das Leitvermögen eines Quecksilberwürfels von 1 cm Kantenlänge bei 0°. Dies wurde als $1/1000$ Siemenseinheit festgesetzt.

Sol (solvo = löse). Ein **heterogenes System***, dessen **Dispersionsgrad** zwischen $6 \cdot 10^5$ und $6 \cdot 10^7$ schwankt und dessen **Dispersionsmittel*** flüssig ist. Siehe auch bei hydrophil und hydrophob. Je nachdem, ob ein Sol, nach dem Eintrocknen sich wieder ohne weiteres im Dispersionsmittel **kolloid*** lösen läßt oder nicht, unterscheidet Zsigmondy resoluble (oder reversible) von irresolublen (oder irreversiblen) Solen.

Solutoide siehe Molekulardispersoide.

Solvate (solvo = löse). Molekular- oder iondisperse Systeme (s. d.) deren **disperse Phase*** eine starke mechanische Affinität zum **Dispersionsmittel*** hat, so daß dieses an die Oberfläche der einzelnen Teilchen der dispersen Phase relativ fest gebunden wird. Hierdurch entstehen Erscheinungen der komplexen Dispersität (s. d.), indem die diesen Teilchen unmittelbar anhaftende Schichte Dispersionsmittel ganz andere Eigenschaften erhält als die übrige Menge desselben. Die komplexen Teilchen des Solvates bestehen sonach aus gebundenem Lösungsmittel und Teilchen der Substanz, die die disperse Phase bildet. Ist das Lösungsmittel in einem solchen Falle Wasser, so spricht man statt von einem Solvat auch von einem Hydrat. Siehe auch Solvattheorie.

Solvattheorie von H. Freundlich. Sie besagt, daß ein Stoff, um in einem Lösungsmitel echt gelöst sein zu können, sich darin nicht nur in molekulardispersem Zustande (d. h. aufgeteilt bis auf die einzelnen Moleküle) befinden muß, sondern daß er überdies gewisse mechanische Affinitäten zum Lösungsmittel haben muß, auf Grund derer **Solvat***-Bildung eintritt.

Soret's Phänomen. Wenn eine Lösung an verschiedenen Punkten eine verschieden hohe Temperatur hat, so findet längs des Temperaturgefälles eine mit lokalen Konzentrationsänderungen verbundene Wanderung des gelösten Stoffes im Lösungsmittel statt.

Sorption. Bedeutet soviel wie Adsorption (s. d.).

Spannung, elektrische, siehe bei Potential und bei Potentialdifferenz.

Spektralanalyse (specio = sehe). Eine von Kirchhof und Bunsen ausgearbeitete Methode, die die Feststellung der chemischen Zusammensetzung eines Stoffes auf Grund der Beobachtung seines Spektrums (s. d.) gestattet.

Spektrum (specio = sehe). Beim Übergang aus einem Medium in eines anderer Dichte erfahren die Lichtstrahlen eine Ablenkung, die für Strahlen verschiedener Wellenlänge verschieden stark ist. Handelt es sich um einen Lichtstrahl, der Licht verschiedener Wellenlängen enthält, so kann er (z. B. beim Durchgang durch ein Glasprisma) auf Grund dieser Tatsache so zerlegt werden, daß die in ihm enthaltenen Strahlen verschiedener Wellenlängen uns nun auch als farbiges Licht erkenntlich werden. Das so zerlegte Licht ist das Spektrum des ursprünglichen Lichtstrahles. Siehe auch bei Absorptionsspektrum und bei Emissionsspektrum.

Spezifisches Gewicht siehe bei Dichte.

Spezifische Leitfähigkeit siehe bei Leitfähigkeit.

Spezifische Oberfläche siehe bei Oberfläche.

Spezifische Refraktion siehe bei Refraktion.

Stalagmometer ($\sigma\tau\acute{\alpha}\gamma\mu\alpha$ oder $\sigma\tau\acute{\alpha}\lambda\alpha\gamma\mu\alpha$ = Tropfen). Ein von J. Traube angegebener Apparat zur Messung der **Oberflächenspannung*** einer Flüssigkeit nach der Tropfmethode (s. d.). Es wird hierbei die Anzahl der Tropfen, die ein von einer bestimmten Abtropffläche abtropfendes bestimmtes Volumen Flüssigkeit bildet, gemessen und mit der einer Standardflüssigkeit (unter den gleichen Bedingungen) verglichen. Als Vergleichsflüssigkeit dient destilliertes Wasser.

Statik, chemische (stare = stehen). Die Lehre von den chemischen Gleichgewichtsverhältnissen, nach Ablauf einer chemischen Umsetzung.

Statische Oberflächenspannung siehe bei Oberflächenspannung.

Steighöhe, kapillare. Die Höhe des spontanen Aufstieges einer Flüssigkeit in einer in sie eingetauchten Kapillare über das äußere Niveau derselben. Sie hängt unter anderem von der Oberflächenspannung der betreffenden Flüssigkeit ab. Bei Verwendung gleicher Kapillaren ist nämlich die Steighöhe der Oberflächenspannung direkt proportional. Diesen Umstand benutzt man bei der **Steighöhenmethode** zur Bestimmung der Oberflächenspannung einer Flüssigkeit.

Stereochemie ($\sigma\tau\varepsilon\varrho\varepsilon o\varsigma$ = fest). Die Lehre von der räumlichen Anordnung der Atome im Verbande des Moleküls.

Sterndialysator. Ein von R. Zsigmondy konstruierter **Dialysierapparat**.

Stöchiometrie ($\sigma\tau o\chi\varepsilon\iota o\nu$ = Bestandteil). Die Lehre vom Verhältnis von Gewicht und Raum, in dem zwei Stoffe sich miteinander chemisch verbinden.

Stoffe, einfache oder Grundstoffe siehe bei Element.

Stokes Gesetz (Englischer Physiker 1819—1903). Das Fluoreszenzlicht ist stets von gleichgroßer oder größerer Wellenlänge als jenes Licht, das die Fluoreszenzerscheinung (s. d.) auslöste.

Stokessche Gleichung. Sie kennzeichnet den Reibungswiderstand, den kleinste, feste Kügelchen bei der Bewegung in einer Flüssigkeit erfahren und lautet

$$6\pi\eta r v = \frac{4}{3}\pi r^3 (\sigma - \varrho) g.$$

Hierbei ist η die **innere Reibung*** der Flüssigkeit, r der Radius und v die Bewegungsgeschwindigkeit der bewegten Kugeln und ϱ die der Flüssigkeit g ist die Gravitationskonstante. In dieser Gleichung stellt die Seite $6\pi\eta r v$ den Reibungswiderstand, $\frac{4}{3}\pi r^3(\sigma - \varrho)g$ das Gewicht der Kugeln dar.

Strahlung, Temperaturgesetz der siehe bei Temperaturgesetz.

Strahlungsdruck. Nimmt ein Körper strahlende Energie auf, so erleidet er einen Druck, der der Energie in der Raumeinheit proportional ist. Die Richtung dieses Druckes ist der der Strahlung gleichsinnig.

Strahlungskalorimeter. Ein Apparat, zur Feststellung der Wärmetönung eines beobachteten Vorganges, bei dem die Änderung der Temperatur eines Gases oder einer Flüssigkeit beobachtet wird, die als Mantel den abgeschlossenen Raum umgibt, in dem sich der beobachtete Vorgang abspielt.

Strömungsströme. Elektromotorische Kräfte, die durch die Bewegung einer Flüssigkeit gegen feste Grenzflächen hervorgerufen werden.

Stromdichte. Die auf 1 cm² der Elektrodenoberfläche eines galvanischen Elementes bezogene Stromstärke. Bei gleicher Stromstärke ist die Stromdichte demnach umgekehrt proportional der Größe der Elektrodenoberfläche.

Stromstärke, elektrische. Sie ist gleich der $\dfrac{\text{Elektrizitätsmenge}}{\text{Zeit}}$. Als ihre Maßeinheit wird das Ampère verwendet (s. d.).

Strukturformel (struere = herrichten). Der graphische Ausdruck für die Art der Zusammensetzung des Moleküls eines Stoffes aus Atomen.

Stufendissoziation, elektrolytische. Nach Wi. Ostwald die Tatsache, daß **Elektrolyte***, deren Ionenart verschieden starke elektrische Ladungen besitzen, allmählich (stufenweise) in ihre **Ionen*** zerfallen. Es dissoziiert z. B. $CaCl_2$ erst in in $CaCl+$ und $Cl-$ und das so gebildete $CaCl+$ zerfällt wieder in $Ca++$ und $Cl-$.

Stufengesetz. Es besagt, daß beim Überschreiten eines **metastabilen Zustandes*** eines Systems, sich bei der nun erfolgenden Bildung einer neuen **Phase*** stets zunächst nicht die unter den gegebenen Verhältnissen (Druck, Temperatur usw.) beständigste Formart bildet, sondern immer zuerst die unbeständigste, diejenige, welche bezüglich ihrer Beständigkeit der sich umwandelnden Phase am nächsten steht. Siehe auch bei monotrope Stoffe.

Subelement (sub = unter). Von Nernst gebrauchter Ausdruck. Siehe bei Element, isotropes.

Sublimation (sublimo = erhebe). Die Verflüchtigung eines festen Stoffes in Gasform, ohne daß er zunächst in den flüssigen Aggregatzustand überginge.

Sublimationswärme. Die Wärmemenge, die bei der **Sublimation*** von 1 Gramm einer festen Substanz absorbiert wird.

Submikronen oder Ultramikronen (sub = unter; ultra = jenseits, $\mu\iota\varkappa\varrho o\varsigma$ = klein). Teilchen einer Substanz, die so klein sind, daß sie mit dem gewöhnlichen Mikroskop nicht mehr wahrgenommen werden können, wohl aber mit Hilfe des von Siedentopf und Zsigmondy konstruierten **Ultramikroskopes***. Da die Grenze der mikroskopischen Wahrnehmbarkeit, bei einem Werte von annähernd $100\,\mu\mu$ des Teilchendurchmessers liegt, die der ultramikroskopischen bei einem Teilchendurchmesser von etwa $1\,\mu\mu$, so ist die Größe des Durchmessers der Submikronen zwischen $100\,\mu\mu$ und $1\,\mu\mu$ anzunehmen. Das ist nach der Definition von Zsigmondy auch die Größe der Teilchen der **dispersen Phase*** eines **Kolloides***.

Substitution oder chemische Verdrängung (substituere = vertreten). Jener Vorgang, durch den in einem Molekül ein oder mehrere Atome eines Stoffes durch solche eines anderen ersetzt werden.

Suszeptibilität siehe bei magnetische Suszeptibilität.

Suspension (suspendo = hänge auf). Eine Aufschwemmung fester Teilchen in einem flüssigen Medium. Ist die Größe des Durchmessers der suspendierten Teilchen zwischen 100 und $1\,\mu\mu$ so spricht man von einem Suspensionskolloid oder Suspensoid.

Suspensionskolloid siehe bei Suspension.

Suspensoid siehe bei Suspension.

Suspensionsschwelle. Nach H. Bechhold jenes Minimum **disperser Phase***, das in einer kolloiden Lösung sein muß, damit eine Ausflockung derselben (z. B. durch Salzzusatz) stattfinden kann. Geringere Kolloidmengen sind aus einer Lösung nicht ausflockbar.

Synäresis. Nach Th. Graham das spontane Ausscheiden einer Flüssigkeit, das nach einiger Zeit an der Oberfläche jeder Gallerte zu beobachten ist. Diese Flüssigkeit wird mitunter fälschlich als Kondenswasser bezeichnet. Sie enthält aber alle **kolloiden***, sowie die **molekulardispersen*** Bestandteile der Gallerte, nur in einer geringeren Konzentration als diese.

System, disperses. Nach Wo. Ostwald ein durch Verteilung einer (oder mehrerer) Substanz in kleinen Teilchen in einer anderen Substanz entstehendes System, bei dem die gegenseitige Berührungsfläche der einzelnen **Phasen*** sehr groß ist.

System, divariantes (dis = zwei, variare = abwechseln). Ein System mit zwei Freiheiten (s. d.).

System, grobdisperses (dispergere = verstreuen). Ein heterogenes System* bei dem die Teilchen der **dispersen Phase*** größer als 100 $\mu\mu$ sind.

System, heterogenes ($\tilde{\varepsilon}\tau\varepsilon\varrho o\varsigma$ = ein anderer). Hierunter versteht man eine räumliche Kombination gleichzeitig nebeneinander bestehender (wie man sagt koexistenter) Phasen, z. B. eine Aufschwemmung von Eis in Wasser. Die Heterogenität eines Systems kann eine chemische sein, dann sind seine Phasen voneinander chemisch-analytisch unterscheidbare Stoffe (z. B. eine Aufschwemmung von Tierkohle in Wasser) oder es können sich die Phasen nur durch physikalische Eigenschaften voneinander unterscheiden (z. B. Eis und Wasser). Je nach der Feinheit der Verteilung der Phasen ineinander unterscheidet man 1. grobe mechanische Aufschwemmungen, 2. Kolloide (s. d.), 3. echte Lösungen (s. d.). P. P. von Weimarn, der die heterogenen Systeme allgemein als Adsorptionssysteme bezeichnet, unterscheidet je nach dem Hilfsmittel, das nötig ist, um die Heterogenität eines Systems (sein Bestehen aus mehr als einer Phase) feststellen zu können: 1. Makroheterogene Adsorptionssysteme. Ihre Heterogenität ist mit freiem Auge feststellbar (z. B. Eisstückchen in Wasser). 2. Mikroheterogene (oder makrohomogene) Adsorptionssysteme. Als heterogen sind sie nicht mit freiem Auge, aber mit Hilfe des Mikroskops erkennbar (z. B. die Milch). 3. Ultramikroheterogene (oder mikrohomogene) Adsorptionssysteme. Ihre Heterogenität ist nicht mit dem gewöhnlichen Mikroskop, aber mit dem **Ultramikroksop*** feststellbar (z. B. die Kolloide). 4. Überultraheterogene (oder ultramikrohomogene) Adsorptionssysteme. Sie sind nur durch **Überultrafiltration*** feststellbar (z. B. Salzlösungen).

Systeme, kolloiddisperse siehe bei Kolloide.

Systeme, konzentrationsvariable. Heterogene Systeme (s. d.) bei denen sich der **Dispersionsgrad*** mit der Konzentration derart ändert, daß er bei steigender Konzentration abnimmt.

Systeme, makroheterogene siehe bei S. heterogene.

Systeme, makrohomogene siehe bei S. heterogene.

Systeme, mikroheterogene siehe bei S. heterogene.

Systeme, mikrohomogene siehe bei S. heterogene.

Systeme, monovariante ($\mu o \nu o \varsigma$ = allein, einer, variare = verändern). Systeme, die nur eine **Freiheit*** besitzen.

Systeme, polydisperse siehe bei Polydispersoid.

T siehe bei Temperatur, absolute.

Taupunkt. Die höchste Temperatur, bei der sich ein Dampf unter bestimmtem Druck an einer Grenzfläche eben verflüssigt.

Tautomerie (τοαυτον = das gleiche, μερος = Teil). Nach van't Hoff die Eigenschaft einer chemischen Verbindung, scheinbar, je nach dem Stoff, der auf sie einwirkt und mit dem sie sich chemisch umsetzt, eine verschiedene Anordnung der Atome in den Molekülen der Verbindung aufzuweisen. Hierbei handelt es sich um Gemische von Isomeren (s. d.), die sehr leicht zu gegenseitiger Umlagerung befähigt sind und bezüglich ihrer Menge in einem bestimmten **Gleichgewichte*** stehen. Entzieht man so einem Gemisch durch chemische Umsetzung die eine isomere Komponente a, so wandelt sich bis zur Wiederherstellung des Gleichgewichtszustandes allmählich die restliche Komponente b zur Isomeren a um und umgekehrt.

Teilungskoeffizient siehe bei Verteilungsquotient.

Temperatur, absolute (tempero = mische). Die auf den sogenannten absoluten Nullpunkt, d. i. -273° C bezogene Temperatur. Sie wird mit T bezeichnet.

Temperatur, kritische. Jene Temperatur, oberhalb derer eine bestimmte Flüssigkeit auch bei beliebig hohem Druck nicht mehr existenzfähig ist. Da demnach die kritische Temperatur auch der höchste für eine bestimmte Flüssigkeit mögliche Siedepunkt ist, wird sie auch als absoluter Siedepunkt bezeichnet.

Temperaturgesetz der Strahlung. Es besagt, daß die Lichtstrahlung eines schwarzen Körpers proportional der vierten Potenz der absoluten Temperatur wächst.

Temperaturkoeffizient der elektrischen Leitfähigkeit. Die Zahl, die angibt, um den wievielten Teil ihres Wertes sich die Wanderungsgeschwindigkeit der **Ionen*** im elektrischen Potentialgefälle, und somit die **elektrische Leitfähigkeit*** einer Elektrolytlösung mit der Temperatur ändert. Er beträgt für 1° C Temperaturdifferenz etwa 2,5 %.

Temperaturkoeffizient der Oberflächenspannung. Jene Zahl, die angibt, um welchen Betrag ihres Wertes sich die Oberflächenspannung eines Stoffes mit der Temperatur ändert. Die Formel zu seiner Berechnung lautet nach H. Freundlich

$$\sigma_t = \sigma_0 (1 - \gamma t).$$

Hierbei ist σ_t die **Oberflächenspannung*** bei der zu prüfenden Temperatur (t), σ_0 diejenige bei der Schmelztemperatur des Stoffes und γ der Temperaturkoeffizient der Oberflächenspannung. Für Flüssigkeiten beträgt γ etwa 0,003, für geschmolzene Metalle etwa 0,0003. Im allgemeinen ist γ einer Flüssigkeit um so größer, je kleiner der Wert ihrer Oberflächenspannung ist.

Temperaturkoeffizient einer chemischen Reaktion. Nach van't Hoff das Verhältnis der **Reaktionsgeschwindigkeit*** einer chemischen Umsetzung bei der Temperatur $t + 10^\circ$ C zu dem bei der Temperatur t°:

$$\frac{K_{t+10^\circ}}{K_t}.$$

Bei Reaktionen in homogenen Systemen beträgt der Temperaturkoeffizient einer chemischen Reaktion meist zwischen 2 und 3,5. (Siehe auch R.-G.-T.-Regel.)

Temperaturmessung, optische oder **Pyrometrie.** Eine Methode, bei der der Wärmegrad eines glühenden Körpers durch Vergleich seiner Lichtstrahlung mit der einer konstanten Lichtquelle gemessen wird. Die so gemessene Temperatur nennt man auch die schwarze Temperatur.

Temperaturvariables Dispersoid siehe bei Dispersoid.

Ternäre Elektrolyte (ter = je drei). Stoffe, deren **Moleküle*** in einer Lösung in je drei **Ionen*** zerfallen können.

Theorie siehe bei **Hittorf.**

Theorem siehe bei **Gibbs-Thomsen / Isochemite / Nernst.**

Thermochemie ($\vartheta\varepsilon\varrho\mu\eta$ = Wärme). Die Lehre von den Beziehungen zwischen Wärme und chemischer Energie.

Thermodromie ($\delta\varrho o\mu o\varsigma$ = Lauf) in Kolloiden. Bewegungserscheinungen der Teilchen der **dispersen Phase*** eines **Kolloides*** unter dem richtenden Einfluß eines Wärmegefälles.

Thermodynamik ($\delta\upsilon\nu\alpha\mu\iota\kappa o\varsigma$ = kräftig). Die Lehre von der Umwandlung von Wärme in andere Energieformen, und anderer Energieformen in Wärme.

Thermodynamik, Hauptsätze der- Siehe bei Hauptsatz.

Thermoketten. Elektrische Energie liefernde Systeme (Ketten), bei denen Wärme dadurch in elektrische Energie verwandelt wird, daß zwei ganz gleichartige **Elektroden*** in der gleichen Flüssigkeit auf verschiedene Temperatur gebracht werden. So gibt z. B. die Kette $Zn/ZnSO_4/Zn$ nur dann einen elektrischen Strom, wenn die Temperatur der beiden Zinkelektroden eine verschiedene ist.

Thermolumineszenz siehe bei Lumineszenz.

Thermometer. Ein Instrument zur Messung der Temperatur.

Thermostat (stare = stehen). Ein Apparat, der dazu dient, den Wärmegrad eines beobachteten Systems über längere Zeit unverändert zu erhalten.

Thomsen siehe **Gibbs-Thomsen.**

Thomsoneffekt. Ein elektrischer Strom, der durch einen ungleichmäßig erwärmten, geschlossenen Stromkreis fließt, ruft in demselben einen scheinbaren Wärmetransport hervor.

Thomsons Wirbeltheorie der Atome siehe bei Wirbeltheorie.

Titration. Ein Verfahren, mit Hilfe dessen man den Gehalt einer Lösung an Säure oder Lauge mißt. Einer abgemessenen Menge der zu untersuchenden Lösung wird eine Säure (oder Lauge) von bekannter Konzentration so lange zugesetzt, bis die Flüssigkeit neutral reagiert. Aus der Menge der Säure (oder Lauge) bestimmter Konzentration, die man der Flüssigkeit bis zur Erreichung der Neutralität zusetzen mußte, berechnet man dann den Laugen-

(oder Säure-) Gehalt der untersuchten Flüssigkeit. Den Eintritt der Neutralität zeigt einem der Farbenumschlag eines der zu untersuchenden Lösung zugefügten Indikators an, d. h. eines Stoffes, der in saurer Lösung deutlich anders gefärbt ist als in alkalischer. Mit Hilfe der Titration wird die Menge der in einer Flüssigkeit enthaltenen freien (aktuellen) und gebundenen aber leicht frei werdenden (potentiellen) H· oder OH⁻-Ionen* bestimmt. Will man nur die Menge der frei vorhandenen H-Ionen, die sogenannte aktuelle Reaktion der Lösung feststellen, so ist die Titrationsmethode hierzu nicht verwertbar.

Titrationsacidität (acidus = sauer). Nach R. Höber die mit Hilfe der Titration (s. d.) festgestellte, in einer Lösung enthaltene Säuremenge.

Titrationsalkalinität. Die durch Titration (s. d.) in einer Flüssigkeit festgestellte Menge Lauge.

Transport, elektrischer (trans = hinüber, portare = tragen). Die durch elektrische Ströme verursachten Erscheinungen der **Kataphorese** und **Elektroendosmose.**

Trautonsche Regel. Die **Verdampfungswärme*** von soviel Gramm eines Stoffes, als sein Molekulargewicht anzeigt (seine molare Verdampfungswärme) ist der Siedetemperatur desselben (vom absoluten Nullpunkte gerechnet) annähernd proportional. Der Quotient aus Verdampfungswärme (in Calorien ausgedrückt) und der **absoluten Siedetemperatur*** eines Stoffes liegt zwischen 19 und 22.

Tripelpunkt. Jener Druck und jene Temperatur, bei denen alle drei Aggregatzustände ein und desselben Stoffes dauernd im Gleichgewichte nebeneinander bestehen können.

Tropfmethode. Von J. Traube besonders ausgearbeitete Methode zur Bestimmung der **Oberflächenspannung*** einer Lösung: Man zählt die Anzahl der Tropfen eines aus einer Kapillare ausfließenden einheitlichen Flüssigkeitsvolumens bei verschiedenen Flüssigkeiten und berechnet die Oberflächenspannung, indem man die bei einer Flüssigkeit beobachtete Tropfenzahl auf die bei der Messung von destilliertem Wasser mit dem gleichen Apparat gefundene, als Einheit, bezieht. Der zu solchen Untersuchungen von Traube konstruierte Apparat ist das Stalagmometer.

Tyndallphänomen (engl. Physiker 1820—1893) zum Nachweise des kolloiden Zustandes einer Lösung. Die Erscheinung, daß ein durch ein durchsichtiges Medium geleiteter intensiver Lichtstrahl bei seitlicher Betrachtung in dem Medium verteilte feinste Teilchen (z. B. die Teilchen der **dispersen Phase*** eines **Kolloides*** hell aufleuchten und dadurch sichtbar werden läßt. (Ähnlich wie der Staub der Zimmerluft in einem Sonnenstrahl aufleuchtet.) Im Gegensatz hierzu ist zum Beispiel völlig reines, destilliertes Wasser optisch leer, d. h. es zeigt keine Spur von Tyndallphänomen. Die mikroskopische Betrachtung dieses Phänomens bildet das Prinzip des Ultramikroskops (s. d.).

Übereinstimmende Zustände, Gesetz der. Siehe bei Kristallisationsprozesse.
Überführung, elektrische. Die Wanderung eines in einer Flüssigkeit verteilten Stoffes zu einer der beiden **Elektroden*** in einem elektrischen Potentialgefälle. Die elektrische Überführung erfolgt stets zu der Elektrode hin, die eine dem überführten Partikelchen entgegengesetzte elektrische Ladung hat.
Überführungszahl oder **Wanderungszahl.** Nach Hittorf die Menge der in der Lösung eines **Elektrolyten*** enthaltenen **Ionen***, die durch die Einheit der Elektrizitätsmenge in der Zeiteinheit von einer Elektrode zur anderen überführt werden. Demnach ist die Überführungszahl proportional der nach Durchleitung eines bestimmten Stromes durch eine Elektrolytlösung an den Elektroden angesammelten Menge von Ionen.
Übergangssysteme zwischen **Kolloiden*** und **molekulardispersen*** Lösungen. Sie ergeben bezüglich der gebräuchlichen Methoden zur Feststellung des kolloiden Zustandes (**Tyndallphänomen*, Diffusion*, Dialyse***) kein eindeutiges Resultat.
Überhitzen. Unter geeigneten äußeren Bedingungen gelingt es, eine Flüssigkeit über ihren Siedepunkt zu erwärmen, ohne daß sie verdampft. Siehe bei Siedeverzug.
Überkaltung siehe bei Unterkühlung.
Übersättigte Lösung siehe bei Lösung.
Übersättigungsgrad. Die Differenz der Konzentration einer **gesättigten Lösung*** eines bestimmten Stoffes in einer bestimmten Menge Lösungsmittel und der einer bestimmten **übersättigten Lösung*** des gleichen Stoffes in der gleichen Menge des gleichen Lösungsmittels bei der gleichen Temperatur.
Überschmolzene Flüssigkeit = überkaltete Flüssigkeit.
Überschreitungsphänomene. Die Erscheinungen der **Unterkühlung*, Überhitzung*** und **Übersättigung***.
Übertragungskatalyse siehe bei Zwischenreaktion.
Überultrafiltration (ultra = darüber, filtrum = Filz). Nach P. P. v. Weimarn die Filtration von molekular gelösten Stoffen mit Hilfe halbdurchlässiger Membranen, die wohl den Molekülen des Lösungsmittels (z. B. Wasser), aber nicht denen des gelösten Stoffes den Durchtritt gestatten.
Überultramikroheterogene Adsorptionssysteme siehe bei Systeme, heterogene.

Ultrafiltration. Ein zuerst von H. Bechhold eingeführtes Verfahren, das verschieden dichte Gallerten als Filter benutzt (Gallertfiltration) und je nach ihrer Durchlässigkeit für verschiedene **Kolloide*** den **Dispersitätsgrad*** der letzteren, d. h. die Größe der Teilchen ihrer dispersen Phase zu bestimmen gestattet.
Ultramikroheterogene Systeme siehe bei Systeme, heterogene.
Ultramikrohomogene Systeme siehe bei Systeme, heterogene.
Ultramikrokristalle. Nach P. P. v. Weimarn Kristalle* von ultramikroskopischer Größe.
Ultramikronen siehe Submikronen.
Ultramikroskop. Ein Apparat, der es gestattet, mit Hilfe des Mikroskops die Lichtbeugungserscheinungen zu betrachten, die man an kleinsten, in einem durchsichtigen Medium verteilten Partikelchen beim Durchleuchten des Mediums mit einem intensiven Lichtstrahl wahrnehmen kann (Tyndallphänomen [s. d.]). Mit dem Ultramikroskop kann man Teilchen von mindestens 1 $\mu\mu$ Durchmesser sichtbar machen. Es wurde zuerst von H. Siedentopf und R. Zsigmondy konstruiert.
Ultrawasser. Nach H. Bechhold soviel wie optisch leeres Wasser. Siehe bei Tyndallphänomen.
Umkehrbare Elektroden siehe bei Elektroden.
Umkehrbare Ketten siehe bei Ketten.
Umkehrbare Reaktion siehe bei Reaktion.
Umlagerung, chemische. Die Änderung der räumlichen Anordnung der Atome innerhalb eines Moleküls.
Umwandlungstemperatur. Jener Wärmegrad, bei dem sich eine Form eines **polymorphen*** Stoffes in die andere verwandelt.
Umwandlungswärme. Die Wärme, die bei der Umwandlung einer Modifikation eines **polymorphen*** Stoffes in eine andere entsteht.
Ungesättigte Lösung siehe bei Lösung.
Unpolarisierbare Elektroden siehe bei Elektroden.
Unregelmäßige Reihe siehe bei Fällungszone.
Unterkühlen. Abkühlen einer Substanz bis unter jenen Wärmegrad, bei dem die einzelnen Aggregatzustände dieser Substanz dauernd im **Gleichgewicht*** nebeneinander bestehen können, ohne daß die Substanz dabei ihren Aggregatzustand ändert. Das Unterkühlen (z. B. einer Flüssigkeit unter ihre Erstarrungstemperatur) ist eines der sogenannten Überschreitungsphänomene.

Valenz siehe bei Wertigkeit.
Valenzelektronen (valere = gelten). Nach den neuern Ansichten besteht jedes Atom aus einer von **Elektronen*** in verschieden weiten Ellipsenbahnen umkreisten elektropositiven Kernladung.

Valenztheorie — Verdampfungswärme.

Die Elektronen, die sich (hypothetischerweise) in der weitesten Entfernung vom Kern um diesen herum bewegen, sind am leichtesten abspaltbar und werden als Valenzelektronen bezeichnet.

Valenztheorie oder Wertigkeitstheorie. Sie besagt, daß jedes Atom eines chemischen Grundstoffes sich nur mit einer begrenzten Anzahl von Wasserstoffatomen oder dem Wasserstoff gleichwertigen Atomen chemisch verbinden kann. Je nach dem numerischen Werte dieser Anzahl bezeichnet man ein Atom als ein-, zwei- usw. -wertig und die Atome verschiedener Elemente, die die gleiche Anzahl Wasserstoffatome zu binden vermögen, als gleichwertig oder äquivalent.

Valenztheorie von Abegg siehe bei Abegg.

van't Hoffs Faktor siehe bei isotonischer Koeffizient.

van't Hoffs Gesetz. Der osmotische Druck* eines gelösten Stoffes ist ebenso groß wie der Gasdruck, den die gleiche Menge dieses Stoffes als Gas ausüben würde, wenn sie den gleichen Raum wie die Lösung bei gleicher Temperatur erfüllen würde. Dieses Gesetz besagt somit, daß der osmotische Druck einer Lösung von der Art des Lösungsmittels unabhängig ist, und daß die Gasgesetze für ihn Geltung haben.

van't Hoffs Gesetz vom beweglichen Gleichgewicht siehe bei Gleichgewicht, bewegliches.

Vektorialität (veho = führe). Die Abhängigkeit der physikalischen Eigenschaften eines Körpers von der Richtung im Raume. Siehe auch bei Kristall und bei Anisotropie.

Verbindungen, komplexe (complector = umfasse). Eine Zusammenlagerung von Molekülen*, die so innig ist, daß bei der elektrolytischen Dissoziation* des betreffenden Stoffes (im Gegensatz zu den Doppelverbindungen*) die Molekülreste auch nach Abdissoziation des einen Ions* miteinander verbunden bleiben.

Verbindungsgewicht. Die Atome der chemischen Grundstoffe verbinden sich miteinander nur im Verhältnis bestimmter einfacher Zahlen oder rationaler Vielfacher dieser Zahlen. Man nennt diese, für jedes Element kennzeichnende Zahl, ihr Verbindungsgewicht. Das Verbindungsgewicht ist nur eine relative Größe, da es auf ein willkürlich gewähltes Element als Einheit bezogen ist. Dieses als Einheit angenommene Element war früher der Wasserstoff. Neuerdings nimmt man als Element mit dem Verbindungsgewicht 1 ein ideales Normalgas* an, dessen Atomgewicht man als $1/_{32}$ von dem des Sauerstoffs betrachtet.

Verbrennungswärme, molare. Die Wärmemenge, die entwickelt wird, wenn ein Mol* eines Stoffes vollständig oxydiert wird.

Verdampfung. Die Verwandlung einer Flüssigkeit in Dampf.

Verdampfungswärme. Jene Wärmemenge, die zur Umwandlung von 1 g einer Flüssigkeit in Dampf von gleicher Temperatur und gleichem

Druck verbraucht, und bei der Rückverwandlung des Dampfes in Flüssigkeit unter den gleichen Bedingungen wieder gewonnen wird.

Verdampfungswärme, molare. Die **Verdampfungswärme***, die zur Umwandlung eines **Grammoleküls*** eines Stoffes in Dampf von gleicher Temperatur und gleichem Druck nötig ist. Also: Verdampfungswärme $\propto$ Molekulargewicht.

Verdrängung, chemische, siehe bei Substitution.

Verdünnungsgesetz siehe bei Ostwald.

Verteilungsquotient. Das Verhältnis der Konzentrationen mit denen sich ein Stoff auf zwei aneinandergrenzende Lösungsmittel verteilt. Dieses Verhältnis ist bei konstanter Temperatur eine von der Menge des gelösten Stoffes unabhängige Konstante, wenn sich die Substanz in den beiden Lösungsmitteln in dem gleichen Molekularzustande befindet. (Verteilungssatz.)

Verteilungssatz von Nernst. Bei einer bestimmten Temperatur besteht für jede Molekülgattung ein konstantes Teilungsverhältnis zwischen dem Lösungsmittel und dem Dampfraum, der an die Lösung angrenzt, unabhängig von der Gegenwart anderer Molekülgattungen und gleichgültig, ob sie mit jener ersten Molekülart sich in chemischer Reaktion befinden oder nicht.

Viscosimeter (viscum = Mistel). Ein Apparat zur Messung der **inneren Reibung*** einer Flüssigkeit.

Viscosistagonometer ($\sigma \tau \alpha \gamma \mu \alpha$ = Tropfen). Ein von J. Traube angegebener Apparat, der die gleichzeitige Messung der **inneren Reibung*** und der **Oberflächenspannung*** einer Flüssigkeit ermöglicht.

Volt (Volta, ital. Naturforscher 1745—1827). Einheit der elektromotorischen Kraft oder elektrischen Potentialdifferenz. Sie muß an den Enden eines Widerstandes von 1 **Ohm*** vorhanden sein, wenn ein **Coulomb*** in der Sekunde durch diesen Widerstand fließt.

Voltameter. Ein Apparat zur Messung der elektrischen Strommenge durch Messung der vom elektrischen Strom verursachten chemischen Umsetzungen in einem System. Es wird auch Coulometer genannt.

Voltampere. Einheit der elektrischen Leistung. Sie ist äquivalent mit einem **Watt** oder 10^7 absoluten Einheiten. Sie wird entwickelt, wenn ein Strom, von der Stärke 1 Ampere einen Leiter durchfließt, dessen Enden die Potentialdifferenz 1 Volt (s. d.) haben.

Volumen, kritisches. Das Volumen (der Rauminhalt) einer Flüssigkeit bei der kritischen Temperatur (s. d.).

Volumen, reduziertes (reducere = zurückführen). Das Verhältnis des Rauminhaltes eines Stoffes zu dem derselben Menge dieses Stoffes beim absoluten Nullpunkt der Temperatur (— 273°).

Volumen, spezifisches. Der von 1 g eines Stoffes erfüllte Rauminhalt.

Wärme, Joulesche. (Joule, engl. Physiker, 1818—1889.) Die beim Durchgang des elektrischen Stromes durch einen Leiter erzeugte Wärme. Sie ist proportional der Dauer des Stromdurchganges, dem Widerstande des Leiters und dem Quadrate der Stromstärke.

Wärme, spezifische. Die Anzahl **Calorien***, die man einem Gramm eines Stoffes zuführen muß, um seinen Wärmegrad um 1° C zu erhöhen.

Wärmeäquivalent, mechanisches (aequus = gleich, valere = gelten). Unter einer geographischen Breite von 45° muß man nach Joule 1 g 41900 cm tief fallen lassen, damit die so gewonnene lebendige Kraft, in Wärme umgesetzt, genügt, um 1 g Wasser von 15 auf 16° C zu erwärmen. Diese aufgewendete Arbeit entspricht $4{,}19 \times 10^7$ absoluten Arbeitseinheiten (Erg) oder, anders ausgedrückt: Es ist eine **Grammcalorie*** der Arbeit von $0{,}419 \times 10^8$ Erg gleichwertig (äquivalent).

Wärmekapazität (capere = fassen), eines Körpers, oder sein Wärmefassungsvermögen ist gleich dem Produkt aus seinem Gewicht und seiner **spezifischen Wärme***.

Wanderungsgeschwindigkeit, elektrische. Die Geschwindigkeit, mit der sich ein in einem flüssigen Medium befindliches Stoffteilchen (z. B. ein **Ion***) im elektrischen Potentialgefälle zu einer der beiden Elektroden begibt.

Wanderungszahl siehe Überführungszahl.

Wärmesummen, Gesetz der konstanten. Dieses von G. H. Heß aufgestellte Gesetz besagt, daß für die Wärmeentwicklung bei chemischen Vorgängen nur der Anfangs- und Endzustand des ganzen beobachteten Systems maßgebend ist, ohne Rücksicht auf die beim Ablauf der chemischen Reaktionen vorübergehend vorhanden gewesenen Zwischenzustände.

Wärmetheorem von Nernst siehe bei Nernst.

Wärmetönung einer Reaktion. Wenn beim Ablauf einer chemischen Reaktion Wärme frei wird, so sagt man, daß die Reaktion mit positiver Wärmetönung verläuft, wenn bei ihrem Ablauf Wärme gebunden wird, daß sie mit negativer Wärmetönung verläuft. In ersterem Falle spricht man auch von einer exothermen, in letzterem von einer endothermen Reacktion. Nach Nernst ist die Wärmetönung einer chemischen Reaktion die Summe der bei ihrem Ablauf entwickelten Wärmemenge und der geleisteten Arbeit; wobei diese beiden Größen in **Grammkalorien*** ausgedrückt werden.

Wasserfallelektrizität siehe Balloelektrizität.

Wasserstoffexponent. Nach Sörensen wird die Wasserstoffionenkonzentration einer Lösung nicht durch die **Wasserstoffzahl*** selbst, sondern durch deren Logarithmus unter Weglassung des Minuszeichens angegeben. Diese Zahl ist der Wasserstoffexponent und wird als p_H bezeichnet. Demnach entsprechen einander z. B. folgende Werte:

Wasserstoffzahl:	p_H
1,00	0,00
$1,00 \cdot 10^{-5}$	5
$2,00 \cdot 10^{-5}$	4,7.

Wasserstoffionenkonzentration siehe bei Wasserstoffzahl.
Wasserstoffzahl oder Wasserstoffionenkonzentration. Jene Zahl, die die Konzentration der Wasserstoffionen in eine Lösung angibt, in **Grammionen*** pro Liter Flüssigkeit gemessen. Sie wird auch als [H·] bezeichnet. Bei 22° C ist sie bei neutraler Reaktion der Lösung $= 10^{-7}$. Bei saurer Reaktion ist sie größer als 10^{-7}, bei alkalischer Reaktion kleiner als 10^{-7} Grammion im Liter.
Wattsekunde (engl. Physiker 1736—1819). Die Einheit der elektrischen Arbeit. Sie wird geleistet, wenn 1 Ampère* von einer Stromquelle mit der Spannung ein Volt* während der Sekunde fließt.
Wenzelsches Gesetz. Es besagt, daß die beim Ablaufe einer chemischen Reaktion zwischen festen und flüssigen Stoffen in gleichen Zeiträumen umgesetzten Substanzmengen der Größe der absoluten Berührungsfläche der reagierenden Stoffe proportional sind.
Wertigkeit der Atome. Die Fähigkeit eines Atoms, sich mit einer bestimmten Anzahl von Wasserstoffatomen oder dem Wasserstoff gleichwertigen Atomen zu verbinden. Je nach dem Betrage dieser Anzahl nennt man ein Atom ein-, zwei- usw. wertig.
Wertigkeit der Ionen. Ein Ion* wird als ein-, zwei- usw. wertig bezeichnet, wenn es durch Bindung von ein, zwei usw. Elektronen* eine einfache, doppelte usw. positive oder negative elektrische Ladung besitzt.
Wertigkeitsregel der elektrischen Leitfähigkeit. Bei gleicher Verdünnung von Salzen, deren Ionen* eine verschiedene Wertigkeit* besitzen, ist die äquivalente Leitfähigkeit* derselben dem Produkte aus der Wertigkeit der beiden Ionen proportional.
Wertigkeitstheorie siehe bei Valenztheorie.
Westonelement. Ein Normalelement* (mit Cadmium als negativer und Quecksilber als positiver Elektrode), dessen elektromotorische Kraft unabhängig von Einflüssen der Temperatur ist und 1,0190 Volt beträgt.
Widerstand, elektrischer. Die durch die Stromstärke dividierte **Potentialdifferenz***. Seine Einheit ist das Ohm (s. d.).
Widerstand, spezifischer. Der elektrische Widerstand einer Säule von 1 cm^2 Querschnitt und 1 cm Länge. Der reziproke Wert hiervon wird auch als spezifische Leitfähigkeit bezeichnet.
Widerstandsgefäß. Ein Apparat zur Messung der **elektrolytischen Leitfähigkeit*** einer Lösung.

Widerstandsthermometer. Sein Prinzip beruht auf der Tatsache, daß der elektrische Widerstand reiner Metalle mit steigender Temperatur zunimmt. Es wird nun mit Hilfe des beobachteten elektrischen Widerstandes eines solchen Metalles die jeweilige Temperatur berechnet.

Wirbeltheorie der Atome. Die von Thomson 1887 aufgestellte Theorie, daß die materiellen Atome nichts anderes als Wirbelbewegungen im Lichtäther seien.

Zahl siehe bei Lohschmidtsche Zahl.

Zeemanneffekt (holländischer Physiker). Die von Zeemann entdeckte Tatsache, daß das **Spektrum*** eines Stoffes im magnetischen Felde gewisse Veränderungen erleidet.

Zelle, Pfeffer'sche siehe bei Pfeffer.

Zerteilungsgrad siehe bei Dispersionsgrad.

Zuleitwiderstände. Die bei elektrischen Leitfähigkeitsmessungen* stets zu berücksichtigenden Widerstände der Zuleitungsdrähte und der Elektroden.

Zustandsänderung kolloider Systeme. Jede Änderung des **Dispersitätsgrades***, der Formart (des Aggregatzustandes) oder der elektrischen Eigenschaften eines **Kolloides***. Führt die Zustandsänderung zu einem höheren Dispersitätsgrade des Systems, so spricht man von aufsteigender oder dispergativer Zustandsänderung (P. P. v. Weimarn), führt sie zu einem niedereren Dispersitätsgrad, so spricht man von absteigender oder aggregativer Zustandsänderung (W. Pauli).

Zustandsänderung, innere, von Kolloiden. Nach Wo. Ostwald solche Z. eines **Kolloides***, bei denen das System seinen kolloiden Charakter nicht verliert. Jene Zustandsänderungen, bei denen das System seinen kolloiden Charakter verliert, nennt er im Gegensatz hierzu radikale Z. v. Kolloiden.

Zustandsänderungen, radikale siehe bei Z., innere.

Zustandsdiagramm siehe bei Isotherme.

Zustandsgleichung. Eine mathematische Gleichung, durch die die gegenseitigen Beziehungen der den Zustand eines Systems bestimmenden Faktoren während des Ablaufes von Veränderungen am System dargestellt werden.

Zwischenreaktion eines Katalysators. Eine Theorie bezüglich der Wirkungsweise von **Katalysatoren*** besagt, daß diese, ein chemisches Zwischenprodukt der Reaktion (eine Zwischenreaktion) bildend, sich mit dem Substrate chemisch verbinden, aber durch Zerfall dieses Zwischenproduktes wiederhergestellt werden. Wi. Ostwald nennt diese Form der Katalyse Übertragungskatalyse,

Zwischenstufen, Gesetz der. Bei dem Ablauf einer chemischen Reaktion bildet sich in der Regel zuerst das unbeständigste Produkt, das unter den obwaltenden Verhältnissen überhaupt entstehen kann.

Zwitterion. Nach F. W. Küster ein **Ion***, das bei dem Zerfall eines Moleküls in Ionen entsteht, wenn die betreffenden Moleküle zur Gruppe der **Ampholyte*** gehören. Es hat bezüglich seiner elektrischen Ladung den Typus R± und ist als inneres Anhydrit oder inneres Salz (nach Bredig) eines Ampholyten aufzufassen.

Verzeichnis
der hauptsächlich verwendeten Literatur.

1. Bechhold, H.: Die Kolloide in Biologie und Medizin. 2. Aufl. Dresden und Leipzig: Th. Steinkopf 1919.
2. Beutner, R.: Die Entstehung elektrischer Ströme in lebenden Geweben. Stuttgart: F. Enke 1920.
3. Christiansen, C., und Müller, J. J. C.: Elemente der theoretischen Physik. Leipzig: J. A. Barth 1910.
4. Eichwald, E., und Fodor, A.: Die physikalisch-chemischen Grundlagen der Biologie. Berlin: Julius Springer 1919.
5. Eisenlohr, F.: Spektrochemie organischer Verbindungen. Stuttgart: F. Enke 1912.
6. Freundlich, H.: Capillarchemie. 2. Aufl. Leipzig: Akad. Verl.-Ges. m. b. H. 1922.
7. Griesbach, H.: Physikalisch-chemische Propädeutik. 2 Bde. Leipzig: W. Engelmann 1895—1915.
8. Guttmann, W.: Medizinische Terminologie. 12.—15. Aufl. Berlin-Wien: Urban & Schwarzenberg 1920.
9. Hamburger, H. J.: Osmotischer Druck und Ionenlehre. 3 Bde. Wiesbaden: J. F. Bergmann 1902—1904.
10. Handovsky, H.: Leitfaden der Kolloidchemie. Dresden und Leipzig: Th. Steinkopf 1922.
11. Handwörterbuch der Naturwissenschaften. Jena: G. Fischer 1912.
12. Hedin, S. G.: Grundzüge der physikalischen Chemie in ihrer Beziehung zur Biologie. Wiesbaden: J. F. Bergmann 1915.
13. Höber, R.: Physikalische Chemie der Zelle und Gewebe. 5. Aufl. Leipzig und Berlin: W. Engelmann 1922.
14. van't Hoff, J. H.: Vorlesungen über theoretische und physikalische Chemie. Braunschweig: F. Vieweg & Sohn 1901.
15. Jellinek, K.: Physikalische Chemie der homogenen und heterogenen Gasreaktionen unter besonderer Berücksichtigung der Strahlungs- und Quantenlehre, sowie des Nernstschen Theorems. Leipzig: S. Hirzel 1913.
16. Kohlschütter, V.: Die Erscheinungsformen der Materie. Vorlesungen über Kolloidchemie. Leipzig und Berlin: B. G. Teubner 1917.

17. Koranyi, A. v., und Richter, P. F.: Physikalische Chemie und Medizin. Leipzig: G. Thieme 1907.
18. Le Blanc, M.: Lehrbuch der Elektochemie. 9. und 10. Aufl. Leipzig: O. Leiner 1922.
19. Michaelis, L.: Die Wasserstoffionenkonzentration. Berlin: Julius Springer 1914.
20. Nernst, W.: Theoretische Chemie, vom Standpunkt der Avogadroschen Regel und der Thermodynamik. 8.—10. Aufl. Stuttgart: F. Enke 1921.
21. Ostwald, Wi.: Grundriß der allgemeinen Chemie. 5. Aufl. Dresden und Leipzig: Th. Steinkopf 1917.
22. Derselbe: Lehrbuch der allgemeinen Chemie. 2. Aufl. Leipzig: W. Engelmann 1910—1911.
23. Ostwald, Wo.: Grundriß der Kolloidchemie. Dresden und Leipzig: Th. Steinkopf 1912.
24. Derselbe: Die Welt der vernachlässigten Dimensionen. Dresden und Leipzig: Th. Steinkopf 1915.
25. Ostwald-Luther: Hand- und Hilfsbuch zur Ausführung physikochemischer Messungen. 3. Aufl. Leipzig: W. Engelmann 1910.
26. Pfaundler: Lehrbuch der Physik. 9. Aufl.
27. Rutherford, E.: Die Radioaktivität. Deutsch von E. Aschkinass. Berlin: Julius Springer 1907.
28. Sackur, O.: Thermochemie und Thermodynamik. Berlin: Julius Springer 1912.
29. Schade, H.: Die physikalische Chemie in der inneren Medizin. Leipzig: Th. Steinkopf 1921.
30. Sieveking, H.: Moderne Probleme der Physik. Braunschweig: F. Vieweg & Sohn 1914.
31. Smiles, S.: Chemische Konstitution und physikalische Eigenschaften. Deutsch von Krassa. Herausgegeben von Herzog. Dresden und Leipzig: Th. Steinkopf 1914.
32. Starke, H.: Experimentelle Elektrizitätslehre. Leipzig und Berlin: B. G. Teubner 1910.
33. Weimarn, P. P. v.: Zur Lehre von den Zuständen der Materie. Dresden und Leipzig: Th. Steinkopf 1914.
34. Zsigmondy: Kolloidchemie. Leipzig: O. Spamer 1918.

MIX
Papier aus verantwortungsvollen Quellen
Paper from responsible sources
FSC® C105338

If you have any concerns about our products,
you can contact us on
ProductSafety@springernature.com

In case Publisher is established outside the EU,
the EU authorized representative is:
**Springer Nature Customer Service Center GmbH
Europaplatz 3, 69115 Heidelberg, Germany**

Printed by Libri Plureos GmbH
in Hamburg, Germany